同步脱氮除酚菌的代谢机制研究

晏俊伟　著

化学工业出版社
·北京·

内容简介

《同步脱氮除酚菌的代谢机制研究》详细介绍了细菌同步降解苯酚及生物脱氮的代谢特征和作用机制，包括同步脱氮除酚菌的筛选与种类，环境因子对细菌同步脱氮除酚的影响，细菌同步脱氮除酚过程中关键蛋白的表达情况，细菌异养硝化-好氧反硝化的代谢机制，细菌降解苯酚的代谢途径以及代谢调控机制。全书主要对微生物脱氮及降解酚类污染物的代谢特点及分子机制进行了详细的阐述。

《同步脱氮除酚菌的代谢机制研究》可供生物技术、微生物学、环境科学、食品安全等相关专业科研工作者及高等院校师生参考使用。

图书在版编目（CIP）数据

同步脱氮除酚菌的代谢机制研究 / 晏俊伟著.
北京 ：化学工业出版社，2025. 10. -- ISBN 978-7-122-48867-1

Ⅰ. Q939

中国国家版本馆 CIP 数据核字第 2025Y8H142 号

责任编辑：尤彩霞
责任校对：李雨函　　　　装帧设计：韩　飞

出版发行：化学工业出版社
（北京市东城区青年湖南街 13 号　邮政编码 100011）
印　　装：北京建宏印刷有限公司
710mm×1000mm　1/16　印张 11　字数 158 千字
2025 年 12 月北京第 1 版第 1 次印刷

购书咨询：010-64518888　　　　售后服务：010-64518899
网　　址：http://www.cip.com.cn
凡购买本书，如有缺损质量问题，本社销售中心负责调换。

定　　价：68.00 元

前言

苯酚等酚类污染物广泛存在于多种工业及农业活动排放的废水中，此类废水中通常存在着过量的氨氮、硝态氮等无机氮污染物，这些共存的污染物对生态环境、人类健康和农业生产都造成了极大的危害。利用微生物进行同步脱氮除酚是一种潜在的高效处理苯酚与氮素污染的手段。此外，苯酚及其衍生物作为木质素的单体在自然中含量大、来源广，是潜在的生物资源材料；而氮元素作为细胞成分重要的组成元素，与细胞生长代谢、物质合成紧密相连。因此，了解微生物同步脱氮除酚的代谢机制对生物修复、生物质资源微生物转化及开发利用都有着重要的作用。

本书通过微生物学、分子生物学以及环境生物技术等多学科的视角与研究方法，系统地阐述了一株同步脱氮除酚菌——草酸盐贪铜菌的降解特征以及代谢作用机制，为深入揭示环境微生物生理代谢能力的可塑性、生存策略机制的多样性提供理论依据，为污染场地的原位生态修复提供技术支撑。希望本书为能为相关方向的科研工作者和行业从业者提供一定的帮助。

本书由广州工商学院工学院晏俊伟撰写完成。由于作者水平有限，书中难免存在疏漏和不足之处，恳请读者批评指正。

著　者

2025 年 4 月

目录

第1章

绪　论

1.1 含氮和酚类废水的来源与危害

当今世界，工业急剧发展，给生态环境带来了严重的危害，环境污染受到越来越多的关注。众多污染物中，芳香化合物是一类被特别受关注的污染物。基于芳香污染物独特的化学结构，其具有特别的毒性以及对多种处理方法的耐受性，使得这类污染物成为关注的重点，其中苯酚是最具代表性的物质之一。含酚工业废水量大、来源广而且成分复杂，主要来源为石油化工、合成氨、炼焦、化工、制药、造纸、塑料等工业生产过程[1]，苯酚在工业废水中的分布情况见表 1-1[2,3]。苯酚具有生物毒性，能与细胞蛋白发生反应，造成蛋白质变性和凝固[4]。同时苯酚能够破坏细胞膜[5,6]，进入细胞中对胞内结构造成损伤，影响细胞活性。苯酚对人体有严重的健康危害，例如与皮肤、黏膜接触会产生强烈腐蚀，其水溶液可以通过皮肤进入人体引起中枢神经、肝、肾等器官的损伤[7]。人体吸入苯酚蒸气会引起头晕、乏力等中毒反应，误服大量苯酚会造成身体严重损伤甚至死亡[8]。不仅如此，苯酚对水中的动植物和微生物也有很强的毒性，同时也会严重危害农作物的生长。研究表明，当苯酚浓度高于 5.0mg/L，就会造成鱼虾中毒死亡[9]。而苯酚化学结构稳定，不易降解，很容易在环境中富集积累，会对生态环境造成严重破坏，因此需要严格控制其在废水中的排放。目前，我国和许多世界其他国家都已经把苯酚列为优先控制污染物名单[10]。原国家环保总局发布的《地表水环境质量标准》(GB 3838—

表 1-1 苯酚在不同工业废水中的含量

废水来源	苯酚浓度/(mg/L)	废水来源	苯酚浓度/(mg/L)
炼油厂	40～185	炼焦	600～3900
石油化工	200～1200	造纸	22
纺织	100～150	塑料生产	600～2000
合成氨	250	酚醛树脂	1270～1345
橡胶工业	3～10	腈纶生产	100～150

2002）规定地表水挥发酚的排放标准为Ⅰ类≤0.002mg/L，Ⅱ类≤0.002mg/L，Ⅲ类≤0.005mg/L，Ⅵ类≤0.01mg/L，Ⅴ类≤0.1mg/L。

含酚废水成分复杂，上述工业过程产生的废水不仅含有酚类污染物，通常还存在过量的无机氮化合物的污染，如氨氮（NH_4^+-N）、亚硝态氮（NO_2^--N）和硝态氮（NO_3^--N）等氮污染物[11]。此外，这些工业活动也会导致场地土壤与地下水含有酚类污染物[12]。研究人员对我国一些石化厂、炼油厂和焦化厂等退役场地的土壤和地下水污染情况做了调查，发现部分水体浅层地下水中挥发酚等污染物严重超标，部分场地的硝酸盐污染也比较严重[12-14]。过量的氨态氮进入环境中会导致水体富营养化，造成水质恶化，严重危害水生生物的生长。此外，硝酸盐会通过转化为亚硝酸盐和亚硝胺类物质引起婴儿高铁血红蛋白血症和癌症等人类健康问题[15]。因此，利用生物法安全有效地去除废水中的苯酚和氮污染物，是对生态环境和人类健康的重要保护。

有研究表明，苯酚会抑制废水生物处理过程中脱氮微生物的生理功能，影响脱氮效果[16]。因此，安全高效地去除废水中的苯酚和氮污染物是废水处理方面关注的热点。传统的去除废水中氮和酚类化合物的处理方法是通过设置不同的反应器将不同类型的污染物分离和去除，而能在同一个设备中同时去除苯酚和脱氮被认为是一种更好的方法，这有利于降低工程成本，提高脱氮效率，节约运行成本[17]，已有研究人员对此进行了探究。目前，关于废水处理中同步脱氮除酚的研究多集中在反应器和微生物群落上，而关于单个细菌同时去除苯酚和氮的研究较少[18]。因此，筛选出能够同步脱氮除酚的菌株并深入研究其代谢机制具有重要的研究意义。

1.2 生物脱氮的研究现状

1.2.1 传统生物脱氮技术

传统生物脱氮过程通常认为由两个反应构成，分别为好氧硝化作用和厌氧反硝化作用，这两个作用则分别由自养硝化菌和异养反硝化菌主导，两个反应共同组合能够把氨态氮和硝态氮转化成为氮气排出。但是，硝化和反硝化对氧气的需求不同，导致这两个过程只能按照序列式的顺序进行，使得生物脱氮耗时较长且成本增高[19]。而且，传统的自养型好氧硝化细菌在生物脱氮过程中生长周期长，硝化速率较慢，抗冲击能力差，无法适应有机污染物和氨氮浓度较高的环境[20]。

1.2.2 异养硝化-好氧反硝化脱氮工艺及影响因素

20 世纪 80 年代，第一株异养硝化菌 *Thiosphaera pantotropha* 被发现并被报道[21]，首次提出同步异养硝化-好氧反硝化概念（simultaneous nitrification and denitrification，SND）。此后，越来越多关于异养硝化-好氧反硝化的研究被报道。异养硝化一般是指异养微生物能在好氧条件下进行硝化反应将氨氮氧化成亚硝酸盐和硝酸盐的过程。异养硝化菌能直接利用有机碳源为自身生长提供能量，其生长速率远超过自养菌，同时异养硝化菌相比自养菌表现出更强的环境适应能力，能够存在于多种极端环境下[22-24]。好氧反硝化是指好氧反硝化菌在好氧条件下进行反硝化，将硝酸盐还原成氮气完成脱氮。传统的反硝化认为，由于氧气对硝酸盐还原酶的抑制作用，反硝化只发生在缺氧或厌氧条件下。然而，近年来的研究表明，好氧条件下反硝化过程依然是可以存在的。越来越多的具有好氧反硝化能力的菌株被发现报道，如假单胞菌属（*Pseudomonas* sp.）[25]，红球菌属（*Rhodococcus* sp.）[26]，芽孢杆菌属（*Bacillus* sp.）[27]，产碱杆菌属（*Alcaligenes* sp.）[20] 等。

与传统硝化-反硝化过程相比，异养硝化-好氧反硝化有其独有的优势。首先，由于硝化和反硝化可以同时进行，可以减少水力停留时间，节约反应器占地面积，从而降低建设、运行成本；其次，该过程可以直接利用有机碳作为碳源，能适应高浓度的有机负荷，无须外加碳源，更加经济；第三，异养硝化-好氧反硝化过程可以减少稳定系统 pH 的化学缓冲剂的投放，节约成本[28]。这些优点极大地提高了异养硝化-好氧反硝化作用在污水脱氮中的应用价值。

研究表明，异养硝化-好氧反硝化过程的脱氮效率受到环境中许多因素的影响，主要有碳源、碳氮比、溶解氧、pH 值、温度等。

（1）碳源

作为异养菌种，碳源的种类以及碳氮比对菌种的生长和脱氮效率有很大的影响。目前已有大量研究探讨了葡萄糖、乙酸盐、蔗糖、草酸钠、可溶性淀粉、乙醇、甲醇、琥珀酸盐、蛋白胨、甘油、酒石酸盐、海藻糖、甘露醇、甲酸、富马酸、苹果酸、丙酸钠、丙酮酸盐、聚羟基丁酸-羟基戊酸共聚物（PHBV）、聚己内酯（PC）、乙醇钠和柠檬酸盐等碳源对不同异养硝化-好氧反硝化细菌生长的影响[29]。在这些碳源的选择中，以乙酸盐和琥珀酸盐为代表的有机酸作为碳源时，异养硝化-好氧反硝化菌株可以产生更高的脱氮效率[19,30]。

大多数已知的异养硝化-好氧反硝化细菌都能利用乙酸盐。通过比较施氏假单胞菌（*Pseudomonas stutzeri* T1）以琥珀酸盐、乙酸盐、柠檬酸盐、葡萄糖和果糖为碳源时的性能，发现乙酸盐是最佳碳源[31]。除了乙酸盐，琥珀酸盐是异养硝化-好氧反硝化细菌的另一种优选碳源。当碳源为丙酮酸钠、乙酸钠、柠檬酸钠和琥珀酸钠时，巴利阿里假单胞菌（*Pseudomonas balearica* UFV3）对 NH_4^+-N 的去除率可达 100%[32]。虽然甲基营养型芽孢杆菌（*Bacillus methylotrophicus* L7）的最佳碳源是琥珀酸钠，但该菌株除了丙酮酸钠、乙酸钠、柠檬酸钠和酒石酸钾钠外，以葡萄糖为碳源时也能生长良好[33]。此外，琥珀酸钠是支持哈氏盐单胞菌（*Halomonas campislis* ha3）[34] 和恶臭假单胞菌（*Pseudomonas putida* NP5）[35] 生长的最佳碳源。当恶臭假单胞菌（*Pseudomonas putida* NP5）以柠檬酸盐、乙酸盐、葡萄糖和蔗糖为碳源时，与以琥珀酸盐为碳源相比，其对 NH_4^+-N 的去除效率显著降低[35]。

（2）碳氮比

合适的碳氮比也能提升菌株的脱氮效率。相比常规的厌氧反硝化反应，好氧反硝化的碳氮比更高。当碳源浓度过低，微生物缺乏足够的能量和电子供体导致生长受限，影响脱氮效率；碳源浓度过高时，会影响菌体的代谢过程，造成脱氮效率的下降[36]。通常，较高的碳氮比（C/N）有利于异养硝化-好氧反硝化细菌的生长，C/N 比高于 7 对大多数异养硝化-好氧反硝化细菌是有利的。

不动杆菌属（*Acinetobacter* sp. ND7）的最佳C/N比为8，当培养基中初始氮浓度为100mg/L时，其对NH_4^+-N、NO_2^--N和硝态氮NO_3^--N的最高去除效率分别为90.2%、78.7%和95.0%。C/N比过高或过低都会导致脱氮效率下降[37]。对于恶臭假单胞菌（*Pseudomonas putida* NP5）而言，其最佳C/N比为10，C/N比过高或过低都会导致铵态氮去除效果变差[35]。不动杆菌JR1（*Acinetobacter* sp. JR1）的最佳C/N比为16，在该条件下，其对铵态氮和总氮（TN）的去除率均高于96.0%[38]。恶臭假单胞菌ZN1的最佳C/N比也是16，当初始铵态氮浓度为100mg/L时，其对铵态氮的去除率可达97.66%[39]。然而，也存在能在低C/N比下获得较高脱氮效率的HNAD细菌，例如不动杆菌属Y16，在C/N比为2时NH_4^+-N的消耗达到最大值，这是已发表文献中最低的C/N比[40]。与碳源一样，C/N比对异养硝化-好氧反硝化细菌的影响也很复杂。不同属的异养硝化-好氧反硝化细菌可能具有相似的最佳C/N比，然而，同一属内不同菌株的C/N比也可能存在较大差异。

（3）溶解氧

溶解氧的浓度也是影响反硝化效率的重要因素，溶解氧的浓度与菌株脱氮效率之间存在三种可能的联系。第一种传统观点是认为反硝化发生在缺氧环境下，因为硝酸盐还原酶Nir与亚硝酸盐还原酶Nor的表达要在低氧浓度下[41]。而且硝酸盐和氧气会对电子流进行竞争，反硝化作用不利于有氧呼吸的进行。有研究人员提出阈值理论，认为在一定范围内的氧气浓度不会对反硝化作用产生影响，但是反硝化酶活性会随着溶解氧的降低而增加[42]。大部分好氧反硝化菌都以后两种联系为主，其中一些菌株在一个最适溶氧浓度表现出最高的脱氮效率，这个最适浓度通常为3～5mg/L，过低或过高的溶氧都会对脱氮效率产生抑制[43]。还有一些好氧反硝化菌能够耐受高浓度的氧气，如施氏假单胞菌 *Pseudomonas stutzeri* YZN-001[44] 和 X31[45]。

（4）pH

pH值也是影响微生物脱氮效率的关键环境因素。根据目前的研究，异养硝化-好氧反硝化细菌能够在酸性、中性和碱性条件下生长，这表明此类细菌在自然界分布广泛，并且对环境具有很强的适应性。对于大多数异养硝化-好氧反硝化细菌而言，它们更倾向于弱碱性的环境，例如假单胞菌*Pseudo-*

monas，反硝化最适的 pH 值为 7.0～7.5[46]。一般认为，碱性条件下能够形成更多的 NH_3，而 NH_3 是细菌生长的直接氮源，这有利于异养硝化-好氧反硝化细菌的生长[47]。此外，pH 的变化会影响微生物呼吸的热力学和动力学，直接和间接改变能量产率[48]。对于消耗或产生质子的反应，pH 的影响是直接的；而对于氧化还原反应，其间接影响源于 pH 对化学形态的调节。外界 pH 值的变化会对细胞膜蛋白和一些胞外水解酶的活性造成影响，造成细胞膜表面电荷性质及膜通透性发生变化，从而影响细胞对物质的吸收和转运[49]。因此，异养硝化-好氧反硝化细菌更偏好碱性条件，这不仅与 NH_4^+ 转化为 NH_3 有关，还与细菌的其他生理功能有关。

(5) 温度

温度也是影响微生物脱氮效率的关键环境因素。大多数分离出的异养硝化-好氧反硝化菌株属于中温菌，对于大部分微生物来说，25～37℃ 是最适的生长温度。温度过高会使蛋白质变性，影响细胞生理功能；过低的温度则会抑制菌株的生长代谢。研究表明，当温度低于 10℃时，好氧反硝化会受到严重的抑制[50]。另外，也有一些极端好氧反硝化微生物在 4℃[51] 低温与 50℃[52] 高温环境下还有脱氮能力，这对特殊环境废水的处理有重大意义。

图 1-1 为微生物中的氮转化过程。

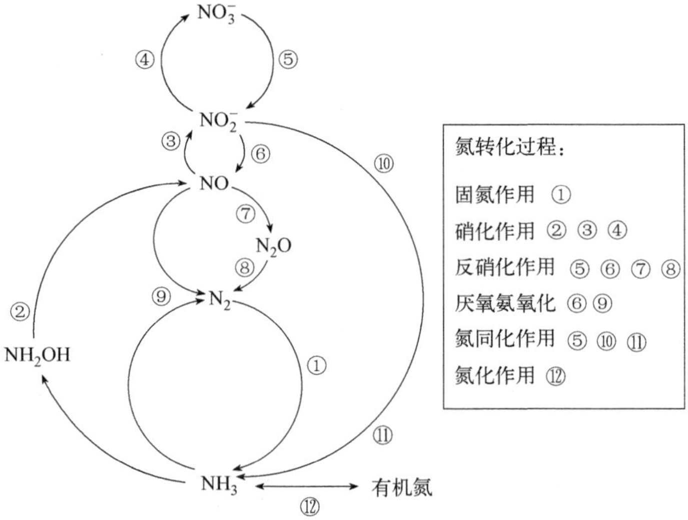

图 1-1 微生物中的氮转化过程[53]

1.2.3 异养硝化-好氧反硝化细菌的脱氮途径

关于异养硝化-好氧反硝化菌脱氮机理的研究大多集中在氮的转化形式以及相关基因和酶的功能。然而，越来越多的异养硝化-好氧反硝化菌的发现导致其脱氮机理变得更加复杂多样，还有许多需要深入研究的内容。研究人员认为异养硝化-好氧反硝化菌的脱氮过程中三种酶起了关键作用，分别是氨单加氧酶（AMO）、羟胺氧化还原酶（HAO）和硝酸盐还原酶（NAR）[54]。目前普遍认为异养硝化过程为：在好氧条件下，氨态氮（NH_4^+-N）通过氨单加氧酶（AMO）的作用氧化形成羟胺（NH_2OH），然后羟胺（NH_2OH）再被羟胺氧化还原酶（HAO）氧化转化成亚硝态氮（NO_2^--N），而亚硝态氮（NO_2^--N）接着在亚硝酸氧化还原酶（NXR）催化作用下氧化为硝态氮（NO_3^--N）[55]。近年来，研究人员还发现了许多新的氨氮的转化途径，但是对催化这些反应的酶还不清楚，例如依赖铁锰等金属离子的氨氧化反应以及硝酸盐依赖的氨氧化反应[53]。

在好氧反硝化过程中，硝酸盐（NO_3^--N）在硝酸盐还原酶（NAR）的作用下被还原成亚硝酸盐（NO_2^--N），然后亚硝酸盐还原酶（NIR）将其转化成一氧化氮（NO），而后一氧化氮（NO）会被一氧化氮还原酶（NOR）催化还原成一氧化二氮（N_2O），最后在氧化亚氮还原酶（NOS）的作用下还原为氮气（N_2）[30]。

1.2.4 异养硝化-好氧反硝化的关键酶

（1）氨单加氧酶

氨单加氧酶（AMO）最早发现于好氧氨氧化细菌和氨氧化古菌之中，能够将氨氧化为羟胺。大部分的氨氧化细菌都属于化能自养菌，自养菌的AMO是一种膜结合的多亚基酶，包含3个亚基[56]。近年来越来越多的研究人员从异养硝化菌中分离了 AMO，研究发现异养硝化菌的 AMO 与自养菌的 AMO 结构不同，同时异养硝化菌不同种属间的 AMO 也存在较大的差异，导致该酶的基因序列差异显著[57]。

(2) 羟胺氧化还原酶

过去认为羟胺氧化还原酶（HAO）能够将羟胺氧化成亚硝酸盐，是硝化过程中重要的酶。最近有研究表明，HAO 催化的产物不是亚硝酸盐而是一氧化氮，后者是被一种未知的酶进一步氧化为亚硝酸盐的[58]。

(3) 硝酸盐还原酶

生物体中硝酸盐的还原主要有三种目的：一是利用硝酸盐作为氮源进行细胞的生长（硝酸盐同化），二是利用硝酸盐作为末端电子受体产生代谢能量（硝酸盐呼吸），三是用于消耗多余的还原力形成氧化还原平衡（硝酸盐异化）。因此，细菌中存在三种类型的硝酸盐还原酶，分别是位于细胞周质的周质硝酸盐还原酶（Nap），位于细胞质的细胞质同化硝酸盐还原酶（Nas）和膜结合型的膜质硝酸盐还原酶（Nar），这些酶的活性位点都含有钼辅因子[59]。通常认为好氧条件下，是由周质硝酸盐还原酶（Nap）来起主导作用，因为 Nap 对氧不敏感，而 Nar 的活性容易受到氧气的抑制，因此周质硝酸盐还原酶（Nap）常用来作一种功能标记来鉴定好氧反硝化菌[30]。膜质硝酸盐还原酶（Nar）由于对氧气比较敏感，通常认为在厌氧或缺氧条件下起反硝化作用，但是近期也有文献表示菌株在好氧条件下也会表达 Nar 的基因[19]。

(4) 亚硝酸盐还原酶

异化亚硝酸盐还原酶催化亚硝酸盐还原为一氧化氮（NO），根据其辅因子的不同，可分为两类：以血红素为辅因子的 cd1 型亚硝酸盐还原酶（cd1-Nir）和以铜为辅因子的铜型亚硝酸盐还原酶（Cu-Nir）。过去研究表明，这两种周质酶具有相同的功能，且这两种同工酶不能在同一微生物中共存。然而，最近有报道称，编码这两种酶的基因会存在于同一种细菌中[60]。依据 cd1-Nir 蛋白的晶体结构可知[61]，cd1-Nir 是一种同源二聚体蛋白，由两个相同的亚基组成。每个亚基的 C 末端结构域称为 d1 结构域，以血红素 d1 为辅因子，N 末端结构域称为 c 结构域，以血红素 c 为辅因子。cd1-Nir 的操纵子通常至少包含

10 个基因（*nirSECFDLGHJN*），其中，*nirS* 基因负责编码催化亚基[60]。Cu-Nir 是一种同源三聚体蛋白，由三个相同的亚基组成，每个亚基上有两个铜结合位点。根据其光学、结构和功能特性，这两个铜结合位点可分为两种类型，即 T_1Cu 和 T_2Cu。Cu-Nir 的合成需要 *nirK* 基因，有时还需要 *nirV* 基因[62]。Cu-Nir 通过与电子供体蛋白形成复合物来接受电子供体提供的电子。天蓝蛋白和细胞色素 c 都可以作为外部电子供体[63]。T_1Cu 首先与电子供体蛋白连接，并从电子供体接收一个电子。然后，T_1Cu 将电子在分子内转移到 T_2Cu，用于还原亚硝酸盐，T_2Cu 作为亚硝酸盐的附着位点并催化亚硝酸盐的还原。T_1Cu 和 T_2Cu 可以通过半胱氨酸-组氨酸（Cys-His）的连接进行快速的电子转移[64]

(5) 一氧化氮还原酶

一氧化氮还原酶（Nor）能够催化一氧化氮（NO）还原为一氧化二氮（N_2O）。基于电子供体和电子转移中心的多样性，微生物中已报道了三种类型的 Nor，即细胞色素 c 依赖型 Nor（cNor）、醌依赖型 Nor（qNor）和含 Cu_A 的 Nor（Cu_ANor）。cNOR 和 qNOR 的晶体结构分别从铜绿假单胞菌（*Pseudomonas aeruginosa*）和嗜热脂肪地杆菌（*Geobacillus stearothermophilus*）中获得[65,66]。最早被分离且研究最多的 Nor 是细胞色素 c 依赖型 Nor（cNor），它含有两个亚基（NorC 和 NorB）。较小的 NorC 亚基的周质侧有一个 c 型血红素（血红素 c），能够接受来自细胞色素 c 和假单胞菌素的电子。较大的 NorB 亚基是催化亚基，包含三个金属中心，即血红素 b、血红素 b3 和非血红素 Fe_B。后两者共同构成双核催化中心，在该中心 NO 被还原为 N_2O。NO 还原所需的电子从 NorC 中的血红素 c 依次转移到血红素 b、血红素 b3 和非血红素 Fe_B。醌依赖型 Nor（qNor）是一种单亚基蛋白。由于 qNor 中没有血红素 c，它只能接受来自甲基萘醌氢醌（MQH_2）或泛醌氢醌（UQH_2）的电子，而不能接受来自细胞色素 c 的电子。接受的电子随后通过血红素 b 转移到双核催化中心，在那里 NO 被还原为 N_2O。Cu_ANor 只能接受来自细胞色素的电子[67]，Cu_ANor 有两个亚基，较小的亚基包含一个由两个铜原子组成的中心

（CuA），这与细胞色素氧化酶中的类似。较大的亚基包含两个 b 型血红素（血红素 b 和血红素 b3）和一个非血红素 Fe_B 中心，这与 qNor 和 cNor 中的 NorB 亚基相似。CuA 中心通过血红素 b 将电子传递到双核催化中心，用于将 NO 还原为 N_2O。

（6）氧化亚氮还原酶

氧化亚氮还原酶 N_2OR 位于细胞周质，接收来自细胞色素 c 的电子将 N_2O 还原为 N_2，这是反硝化的最后一步[68]。合成 N_2OR 需要其编码基因（*nosZ*）和辅助基因（*nosRDFYL*）共同完成，这些基因通常位于单个基因座内，对于大多数微生物而言，簇中的基因排列为 *nosRZDFYL*[68]。其中，*nos*R 基因调控 *nos*Z 的转录[69]，*nosDFY* 认为是编码了参与了 CuZ 中心组装的 ABC 转运体[70]。N_2OR 是一种含铜酶，具有两个结构域，一个为电子转移结构域，结合在双核铜中心“CuA”上，类似于细胞色素 c 氧化酶；另一个是催化结构域，结合在一个四核铜-硫中心，在生物学上是独特的，命名为“CuZ 中心”[71]。通常，细胞色素 c 或假天青蛋白可作为将 N_2O 还原为 N_2 的电子供体：细胞色素 c 或假天青蛋白首先附着在 CuA 中心并与 N_2O 还原酶形成复合物，然后将电子传递到 CuA 中心，CuA 中心继续在分子内将电子转移到 CuZ 中心，用于将 N_2O 还原成 N_2[68]。

1.2.5 细菌氮代谢调控机制

为应对复杂的氮供应环境，细菌进化出了复杂而精细的调控网络，以实现高效氮源获取，其中包括转录水平调控、转录后水平调控和翻译后修饰等。

实现转录水平调控主要有氮调控蛋白 NtrC、FNR 转录因子以及双组分系统 NarXL 等。NtrC 是细菌中常见的氮调节因子，当氮源缺乏时，NtrC 被激活，进而激活 σ54 依赖型的关键启动子 glnAp2 等，启动氮代谢相关基因的转录[72]。FNR 转录因子和双组分系统 NARX-NARL 多用以感应环境中硝酸盐等氮源的变化，调节相关基因的表达，使细菌适应不同的氮源环境[73]。

转录后水平调控则主要通过非编码 RNA（ncRNA）来实现，目前，已发现多种直接参与固氮微生物生物固氮调控的 ncRNA，这些 ncRNA 可在转录后或翻译水平上影响谷氨酰胺合成酶、氮酶、PII 蛋白编码基因或胞外多糖合成基因的表达[74]。

PII 家族蛋白（即 glnB、glnK 和 nifI 产物）通过翻译后修饰的信号转导，在协调氮代谢方面发挥着重要作用。PII 蛋白调节氮代谢可以通过对直接参与细胞中氮代谢途径中的酶、铵转运蛋白的活性以及相关转录调控蛋白的相互作用来实现。GlnK 控制铵转运体 AmtB 的活性；GlnB 调节谷氨酰胺合成酶的表达和活性，以及调节 Ntr 操作子的 NtrBC 转录级联；NifI 与固氮酶相互作用，在铵作用下通过翻译后修饰使该酶失活。氮饥饿时，NtrC 还能上调四磷酸鸟苷（ppGpp）的合成[75]。ppGpp 为细菌应对不同环境胁迫压力，启动相关生理适应性基因表达调控的“报警”信号分子，该信号分子也被证实涉及细菌苯酚代谢的全局性调控。这一类蛋白质是同源三聚体，带有一个名为 T 环的柔性环，可在识别多种关键代谢物（ADP、ATP 和 2-氧代戊二酸）时改变其构象，从而允许或限制 PII 蛋白与不同的蛋白质伙伴或目标相互作用发挥调控作用[76]。

1.3 生物降解苯酚的研究现状

目前国内外对含酚废水的处理方法主要分为物理法、化学法和生物法。其中物理法主要有混凝法、光催化法、吸附法、萃取法等；化学方法包括化学氧化法、光化学氧化法、芬顿氧化法、电化学氧化法等；生物处理多采用好氧处理、生物燃料电池、活性污泥、生物膜等方法。对于苯酚浓度不同的工业废水，通常采用不同处理方法。对于高浓度的含酚废水（>1000mg/L），通常采用萃取法、吸附法、化学沉淀法等方法对酚进行回收，不仅可以对废水进行有效处理，还具有一定经济意义[77]。而对于含酚量在中低浓度（5～500mg/L）的废水，适合采用生物法进行处理，而微生物是对废水中污染物进行处理净化的主体[77]。生物法与物理化学方法相比，成本更低，同时处理效率高，可以实现无二次污染对环境友好，并且应用广泛、设备简单、废水处理量大，在我国工业废水处理中占主导地位[78]。因此，分离筛选出高效的苯酚降解微生物一直是国内外学者重视的方向。目前，关于苯酚降解微生物的研究也主要集中在菌株筛选与降解特性、代谢机制与途径以及降解效果的强化这三个方面。

1.3.1 苯酚降解菌的筛选和降解特性

目前，越来越多的苯酚降解菌被国内外研究人员筛选鉴定出来，其中研究较多的有假单胞菌 *Pseudomonas*[79]、红球菌 *Rhodococcus*[80]、不动杆菌 *Acinetobacter*[81] 和芽孢杆菌 *Bacillus*[82] 等。因为苯酚对细胞有强烈的毒性，尤其是在高浓度下，这会抑制细胞生长影响微生物的降解效率。因此，大量的研究都致力于筛选培养出能够降解高浓度苯酚的菌株希望实现较高的降解效率[83]。然而，实际的废水处理环境复杂，为提高微生物的应用性，根据不同废水的特点筛选出具有特殊生物强化功能的菌种也成为目前降酚微生物筛选的热点。R. Margesin 等[80]筛选出可以在低温环境中降解高浓度苯酚的两株红球菌（*Rhodococcus* sp.），在 10℃ 的低温环境下最多可以完全降解 12.5mmol/L 的苯酚。E. Acikgoz 等[84]从 103 株嗜盐古菌中筛选出一株能够在高盐浓度下降解苯酚的菌株 *Haloarcula* sp. A235，该菌株能够在 20%（w/v）NaCl 环境中降解 100mg/L 的苯酚。除了这些可以耐受极端环境的苯酚降解菌，有能力去除多种污染物的菌株也受到极大的关注。D. Gunasundari 等[85]从制革厂废水污染的土壤中筛选出一株能够同时进行六价铬 Cr（Ⅵ）还原与苯酚降解的寡氧单胞菌（*Stenotrophomonas* sp.），该菌株在最适生长条件下对六价铬 Cr（Ⅵ）和苯酚的去除率分别达到 81.27%和 100%。Ge 等[11] 从炼焦废水处理厂的活性污泥中筛选出一株能够同时在好氧条件下脱氮和降解苯酚的菌株 *Diaphorobacter* sp. PD-7。可以看到，满足多种需求的苯酚降解菌被当前研究人员所关注，复合型功能的微生物资源的发掘受到越来越多的重视。

1.3.2 苯酚的生物降解途径

(1) 苯酚代谢的外周途径

细菌在有氧和无氧条件下均能够代谢酚类化合物。一般将酚及其衍生物的代谢途径分为外周（或上游）途径和中心代谢途径。外周（或上游）代谢途径指的是单个酚类化合物在苯酚羟化酶（phenol hydroxylase，PH）等外周酶的作用下转化为邻苯二酚及其衍生物等少量的中间产物，这通常是苯酚好氧代谢的第一步。这些中间产物再通过特定的中枢代谢途径进一步转化为柠檬酸循环的中间产物，参与细胞的能量代谢。

而苯酚的厌氧代谢过程，则是细菌通过四个反应将苯酚转化为中心代谢中间产物苯甲酰辅酶 A（CoA）。首先，苯酚被磷酸化生成苯磷酸，苯磷酸进一步羧化生成 4-羟基苯甲酸。然后，4-羟基苯甲酸转化为其 CoA 硫酯，最后经还原脱羟基作用生成苯甲酰辅酶 A（图 1-2）。厌氧细菌对甲酚的分解代谢包括甲基的氧化和随后的羧化，生成相应的羟基苯甲酸，这些羟基苯甲酸会进一步转化为苯甲酰辅酶 A。

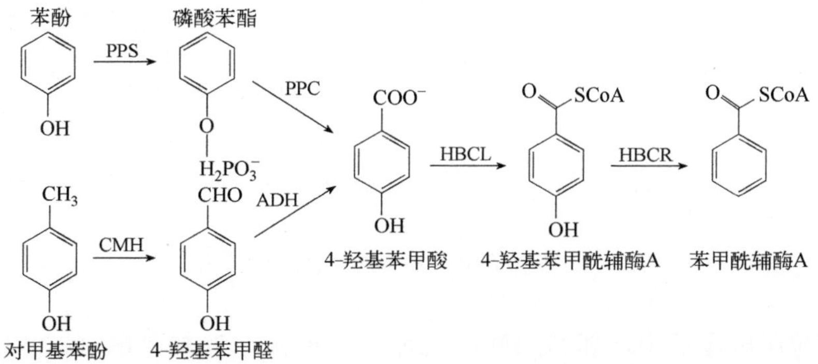

酶的缩写：PPS，苯磷酸合成酶；PPC，苯磷酸羧化酶；HBCL，4-羟基苯甲酸-CoA 连接酶；HBCR，4-羟基苯甲酰基-CoA 还原酶；CMH，对甲酚甲基羟化酶；ADH，醛脱氢酶。

图 1-2 细菌中苯酚的厌氧分解代谢外周途径[86]

(2) 苯酚代谢的中心代谢途径

在细菌中，邻苯二酚及其衍生物是苯酚及其衍生物有氧分解代谢外周途径的主要产物。邻苯二酚及其衍生物会被双加氧酶进一步裂解，裂解方式有两种：一种是在两个羟基之间进行称为邻位裂解，另一种是在其中一个羟基附近进行称为间位裂解。这些中心分解代谢途径的后续步骤最终会合成柠檬酸循环的中间产物（图 1-3）。

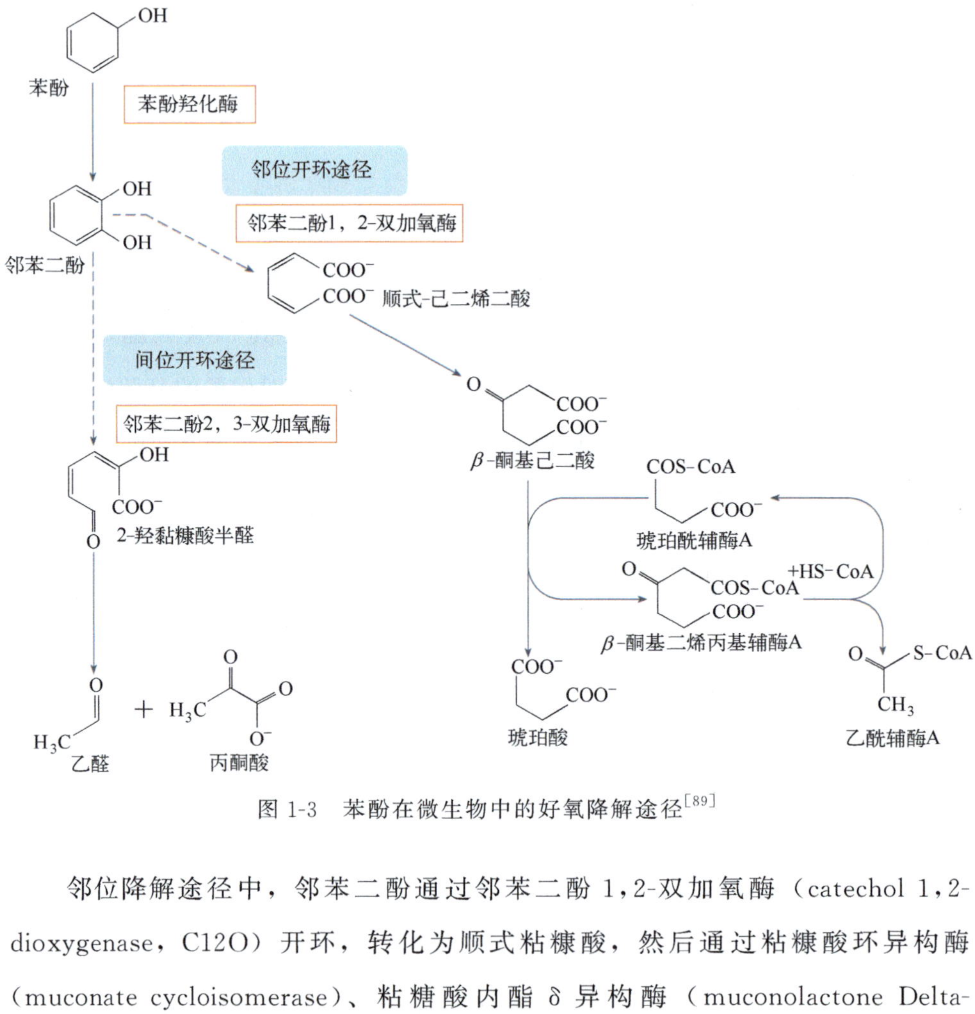

图 1-3 苯酚在微生物中的好氧降解途径[89]

邻位降解途径中，邻苯二酚通过邻苯二酚 1,2-双加氧酶（catechol 1,2-dioxygenase，C12O）开环，转化为顺式粘糠酸，然后通过粘糠酸环异构酶（muconate cycloisomerase）、粘糖酸内酯 δ 异构酶（muconolactone Delta-isomerase）、3-氧代己二酸烯醇内酯酶（3-oxoadipate enol-lactonase）、3-氧代己二酸辅酶 A 转移酶（3-oxoadipate CoA-transferase）和 3-氧代酰基辅酶 A 硫

解酶（3-oxoacyl-CoA thiolase）一系列酶的催化下形成乙酰辅酶A和琥珀酰辅酶A进入三羧酸循环[87]。

间位降解途径中，邻苯二酚2，3-双加氧酶（catechol 2,3-dioxygenase，C23O）催化邻苯二酚开环裂解转化成2-羟基粘糠酸半醛，2-羟基粘糠酸半醛后续可以通过4-草酰巴豆酸酯支路或水解支路被进一步降解。在4-草酰巴豆酸酯支路中，2-羟基黏糠酸半醛通过2-羟基黏蛋白半醛脱氢酶（2-hydroxymuconic semialdehydedehydrogenase）、4-草酰巴豆酸异构酶（4-oxalocrotonate isomerase）和4-草酰巴豆酸脱羧酶（4-oxalocrotonate decarboxylase）这三种酶转化为2-氧代-4-二烯酸盐（2-oxopent-4-dienoate）。而在水解支路中，只有2-羟基黏蛋白半醛水解酶（2-hydroxymuconic semialdehyde hydrolase）催化该反应。然后2-氧代-4-二烯酸盐（2-oxopent-4-dienoate）被2-氧代-4-二烯酸盐水合酶（2-oxopent-4-dienoate hydratase）羟基化生成4-羟基-2-氧代戊酸酯（4-hydroxy-2-oxovalerate），后者则继续被4-羟基-2-氧戊酸醛缩酶（4-hydroxy-2-oxovalerate aldolase）催化生成丙酮酸和乙醛。代谢产物丙酮酸可以直接进入三羧酸循环，而乙醛通过乙醛脱氢酶（acetaldehyde dehydrogenase）催化转化成乙酰辅酶A[88]。

细菌中酚类化合物厌氧分解代谢的中心途径，起始于苯甲酰辅酶A还原为环状1,5- 二烯酰辅酶（图1-4）。此步转化又有两种途径，分别为依赖ATP的途径和不依赖ATP的途径，两条途径都能将苯甲酰辅酶A转化为环状1,5-二烯酰辅酶A，但它们的苯甲酰辅酶A还原酶在结构和生化特性上存在差异。在ATP依赖的还原策略中，无氧条件下，一些兼性厌氧菌（如沼泽红假单胞菌 *Rhodopseudomonas palustris*[90]、芳香索氏菌 *Thauera aromatica*[91] 等）利用Ⅰ类苯甲酰辅酶A还原酶，通过水解ATP驱动苯甲酰辅酶A还原为1,5-二烯酰辅酶A，再利用苯甲酰辅酶A还原酶（Bcr）、二烯酰辅酶A水合酶（Dch）、羟酰基辅酶A脱氢酶（Had）、氧代酰基辅酶A水解酶（Oah）经一系列修饰的β-氧化反应等进一步降解，该过程耦合ATP水解使反应不可逆。

ATP非依赖的还原策略中，严格厌氧菌（如金属还原地杆菌 *Geobacter metallireducens*[92]）利用由八个不同蛋白亚基组成的Ⅱ类苯甲酰辅酶A还原酶，这种酶与Ⅰ类苯甲酰辅酶 A 还原酶不同源，可能由八个不同的蛋白质亚基（BamBCDEFGHI）组成，这些亚基似乎含有铁硫簇、钨、锌、黄素和硒代半胱氨酸作为辅因子，已鉴定出的酶包括铁氧还蛋白氧化还原酶（BamB）、氢化酶的电子传递亚基（BamC 和 BamF）、异二硫化物还原酶（BamD 和 BamE）以及 NADH：醌氧化还原酶的 NADH 结合可溶性组分（BamG、BamH 和 BamI）。ATP 非依赖途径可能通过电子分叉过程实现苯甲酰辅酶 A 的还原，后续代谢步骤与 ATP 依赖途径相似，但能量需求更低，更适合严格厌氧菌的能量限制条件。

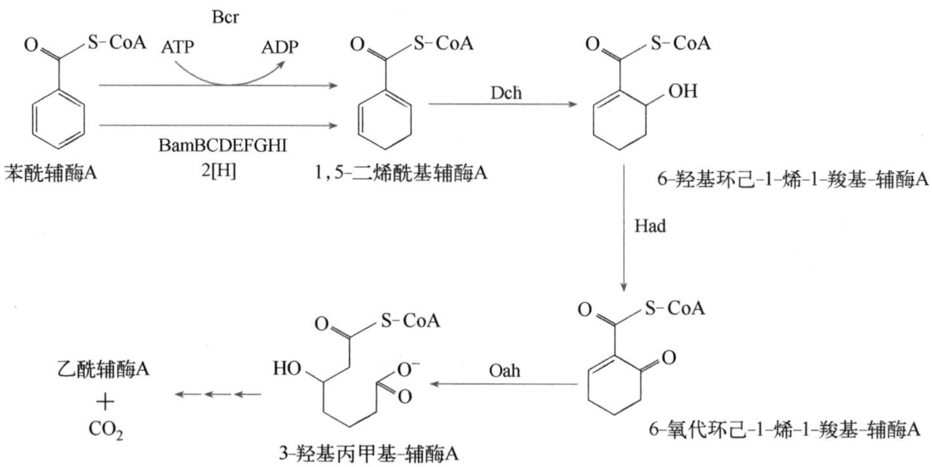

图 1-4　细菌中苯酚及其衍生物的厌氧分解代谢中心途径[89]

1.3.3　苯酚降解的关键酶

(1) 苯酚羟化酶

苯酚羟化酶（PHs）被归类为非血红素二铁单加氧酶[93]，根据蛋白质亚基的数量，可将苯酚羟化酶分为三种不同类型：多组分苯酚羟化酶（mPHs），双组分苯酚羟化酶，单组分苯酚羟化酶[86]。

(a) 多组分苯酚羟化酶

多组分苯酚羟化酶由 6 个不同的亚基组成，主要在革兰氏阴性变形菌，如：假单胞菌属（*Pseudomonas*）、丛毛单胞菌属（*Comamonas*）、伯克霍尔德菌属（*Burkholderia*）、不动杆菌属（*Acinetobacter*）、拉尔氏菌属（*Ralstonia*）、贪铜菌属（*Cupriavidus*）菌株中被发现。多组分苯酚羟化酶的3个主要亚基（α、β、γ）形成一个六聚体单加氧酶（$\alpha\beta\gamma)_2$，而其余3个亚基分别作为Fe_2S_2还原酶、调节蛋白和辅助蛋白发挥作用。三组分单加氧酶的二聚体含有两个由羧酸盐桥连的二铁催化中心，可处理4种底物（电子、质子、氧气和碳氢化合物）[94]。还原酶组分从还原型烟酰胺腺嘌呤二核苷酸磷酸（NAD(P)H）接受电子，并通过黄素和［2Fe-S］中心将其转移到单加氧酶的二铁位点。小的调节亚基与单加氧酶结合，可能涉及电子消耗与碳氢化合物氧化的偶联[95]。辅助蛋白可能参与将铁掺入单加氧酶的活性位点[96]。所有这6个组分对于在羧酸盐桥连的二铁中心激活氧气和氧化苯酚都是必需的[97]。

（b）双组分苯酚羟化酶

双组分苯酚羟化酶主要在革兰氏阳性放线菌，如红球菌属（*Rhodococcus*）和嗜热芽孢杆菌（thermophilic *Bacillus*）的菌株中被发现。它们由一个单加氧酶亚基和一个黄素还原酶亚基组成。这两个亚基，以及还原型烟酰胺腺嘌呤二核苷酸（NADH）和黄素腺嘌呤二核苷酸（FAD），对于苯酚的羟基化反应都是必需的[98]。黄素还原酶亚基催化由NADH依赖的游离FAD的还原反应。然后，单加氧酶亚基利用还原后的FAD将苯酚（或其衍生物）羟基化为邻苯二酚（或其衍生物）[99]。

（c）单组分苯酚羟化酶

细菌的单组分黄素依赖型苯酚羟化酶主要对氯化苯酚衍生物进行羟基化作用。在钩虫贪铜菌（*Cupriavidus necator* JMP134）中，该酶可将4-氯苯酚、2,4-二氯苯酚和4-氯-2-甲基苯酚分别转化为相应的氯代邻苯二酚[100]。而在氯酚鞘氨醇单胞菌（*Sphingobium chlorophenolicum*）中，单组分苯酚羟化酶可将五氯苯酚（PCP）转化为四氯苯醌[101]。单组分黄素依赖型苯酚羟化酶还参与鞘氨醇单胞菌属对较长链烷基酚（如辛基酚或壬基酚）的羟基化过程，通过原位取代反应生成对苯二酚[102]。

(2) 邻位开环途径的酶

邻苯二酚双加氧酶也是苯酚代谢过程中的关键酶，它决定了芳香环的开环方式。在许多细菌中，邻苯二酚及其衍生物的裂解反应发生在两个在羟基之间，生成顺式，顺式-黏康酸（*cis*，*cis*-muconate cycloisomerase）及其衍生物，这一过程由邻苯二酚 1,2-双加氧酶（C12O，EC 1.13.11.1）催化。随后，顺，顺-黏康酸在顺式，顺-黏康酸环异构酶（MC）的作用下转化为黏康内酯，黏康内酯再经黏康内酯异构酶（MLI）进一步转化为 3-氧代己二酸烯醇内酯；最后，3-氧代己二酸烯醇内酯水解酶（OELH）催化合成 3-氧代己二酸。

C12O（邻苯二酚 1,2-双加氧酶）属于内二醇 1,2-双加氧酶，它利用非血红素铁（Ⅲ），通过插入一个氧分子来裂解邻苯二酚羟基之间的碳—碳键[103]。这些酶在革兰氏阴性菌和革兰氏阳性菌中都存在。来自革兰氏阴性变形菌属不动杆菌[104]、革兰氏阳性放线菌不透明红球菌 1CP[105] 的邻苯二酚 1,2-双加氧酶的晶体结构均已被测定。

顺，顺-黏康酸环异构酶催化下一步的反应，将顺，顺-黏康酸内酯化转化成黏康内酯。在对恶臭假单胞菌（*Pseudomonas putida*）中顺，顺-黏康酸环异构酶的 X 射线晶体结构分析表明，该酶结构由同型八聚体构成，且其活性需要锰离子（Mn^{2+}）的参与[106]。

假单胞菌属细菌中的黏康内酯异构酶（MLI，EC 5.3.3.4）可将黏康内酯转化为 3-氧代己二酸烯醇内酯。研究发现，该反应起始于夺取 C4 位的质子。在不透明红球菌 1CP 的氯代黏康内酯脱卤酶的晶体结构已被揭示，该酶具有铁氧还蛋白型折叠，形成 52 对称的同型十聚体，是 MLI 家族的典型特征，该酶活性位点由来自两个单体的残基构成[107]。

3-氧代己二酸烯醇内酯水解酶（OELH）将环状的 3-氧代己二酸烯醇内酯转化为线性的 3-氧代己二酸，而 3-氧代己二酸最终会转化为柠檬酸循环中间产物琥珀酰辅酶 A 和乙酰辅酶 A。对伯克霍尔德氏菌（*Burkholderia xenovorans* LB400）中的 3-氧代己二酸烯醇内酯水解酶（OELH）进行的结构分析，发现该烯醇内酯水解酶为二聚体结构，一个 α-螺旋帽结构域位于核心 α/β-水解酶结构域的上方，保守的催化三联体定位于核心结构域，但乙酰丙酸主要结合在由帽结构域所界定的活性位点区域内[108]。

(3) 间位开环途径的酶

中心间位开环途径的第一步反应是邻苯二酚 2，3-双加氧酶（C23O，E. C. 1. 13. 12. 2）在邻苯二酚及其衍生物的其中一个羟基附近的位置进行开环裂解，生成 2-羟基黏康酸半醛。然后，这种化合物由 2-羟基黏康酸半醛水解酶（HMSH）转化为 2-氧代戊- 4-二烯酸。在一些细菌中，2-氧代戊-4-二烯酸是通过 2-羟基黏康酸和 4-草酰巴豆酸经过三步反应合成的。2-氧代戊-4-二烯酸水合酶（OPDH）催化 2-氧代戊-4-二烯酸转化为 4-羟基-2-氧代戊酸；然后，4-羟基-2-氧代戊酸醛缩酶（HOA）将 4-羟基-2-氧代戊酸裂解，形成柠檬酸循环的中间产物乙醛和丙酮酸。

邻苯二酚 2,3-双加氧酶（C23O）是外二醇裂解双加氧酶，其作用方式是在活性位点的二价金属中心同时结合有机底物和氧气[109]。对恶臭假单胞菌（*P. putida*）结晶态的邻苯二酚 2,3-双加氧酶进行的 X 射线分析证明，在构成该功能性酶的四个相同亚基的每一个中都存在一个非血红素 Fe（Ⅱ）中心[110]。

2-羟基黏康酸半醛水解酶（HMSH，EC 3. 7. 1. 9）催化 2-羟基黏康酸半醛的碳-碳键水解，生成 2-羟基戊-2，4-二烯酸。来自恶臭假单胞菌（*P. putida*）的这种酶被归类为 α/β 水解酶家族中的丝氨酸水解酶，并且该氨基酸残基被证实为该酶的催化中心[111]。

2-氧代戊-4-二烯酸水合酶（OPDH，EC 4. 2. 1. 80）是一种依赖二价金属离子的水合酶，可将 2-羟基戊-2,4-二烯酸转化为 4-羟基-2-氧代戊酸。对食异种菌伯克霍尔德氏菌（*B. xenovorans*）的这种酶的研究表明，每个酶亚基仅结合一个二价金属离子，在以镁离子（Mg^{2+}）作为辅因子时活性最高，并且阳离子发挥的是催化作用，而不仅仅是底物结合作用[112]。

4-羟基-2-氧代戊酸醛缩酶（HOA，EC 4. 1. 3. 39）属于能够裂解碳-碳键的含氧酸裂解酶，它催化 4-羟基-2-氧代戊酸裂解生成乙醛和丙酮酸。对假单胞菌属菌株 CF600 的 4-羟基-2- 氧代戊酸醛缩酶进行的晶体结构分析表明，这种酶的活性位点中含有一个锰离子（Mn^{2+}），并且它在发挥作用时与乙醛脱氢酶（EC 1.2.1.10）紧密相关，乙醛脱氢酶可进一步将乙醛转化为乙酰辅酶 A[113]。

绝大多数苯酚降解菌都具有其中一类邻苯二酚双加氧酶的编码基因，也有部分微生物能够同时含有这两种酶，例如恶臭假单胞菌 P8（*Pseudomonas putida* P8），该菌株会基于底物的类型及浓度来同时诱导邻位和间位代谢途径[114]。

(4) 苯酚及其衍生物厌氧代谢中心途径的酶

细菌中苯酚及其衍生物的厌氧分解代谢中心途径的酶，也参与其他芳香族化合物的分解代谢，并且在不同类型的厌氧细菌中，这些酶在某些方面存在差异。苯酚的厌氧代谢中心途径起始于苯甲酰辅酶 A 还原酶（BCR）的催化苯甲酰辅酶 A 还原为环状 1,5-二烯酰辅酶 A。在反硝化细菌芳香索氏菌（*T. aromatica*）中，环状 1,5-二烯酰辅酶 A 随后在环状二烯酰辅酶 A 水合酶（DCH）的作用下转化为 6-羟基环己-1-烯-1-羧基辅酶 A，然后 6-羟基环己-1-烯-1-羧基辅酶 A 被 β-羟酰基辅酶 A 脱氢酶进行 β-氧化，生成 6-氧代环己-1-烯-1-羧基辅酶 A。6-氧代环己-1-烯-1-羰基辅酶 A 水解酶催化该化合物的水化反应，随后裂解其碳环，生成 3-羟基庚二酰辅酶 A。产物 3-羟基庚二酰辅酶 A 通过戊二酰辅酶 A 进一步进行 β-氧化，最终生成乙酰辅酶 A[115]。

苯甲酰辅酶 A 还原酶（BCR，EC 1.3.7.-）是细菌中芳香族化合物厌氧分解代谢过程中的一种关键酶，它催化苯甲酰辅酶 A 的还原脱芳构化反应，生成环状 1,5-二烯酰辅酶 A（环己-1,5-二烯-1-羧基辅酶 A）。芳香索氏菌（*T. aromatica*）的苯甲酰辅酶 A 还原酶由四个不同的亚基组成，并且含有三个［4Fe-4S］簇。这种酶将两个电子从铁氧还蛋白转移到苯甲酰辅酶 A 的芳香基团上，其还原形式表现出 ATP 酶活性，在该酶分子上存在两个相似但不完全相同的 ATP 结合位点[116]。环状二烯酰辅酶 A 水合酶（DCH）是一种高度特异性的酶，它催化将一个水分子添加到环己-1,5-二烯-1-羧基辅酶 A 的其中一个双键上[117]。6-羟基环己-1-烯-1-羧基辅酶 A 脱氢酶是一种对 NAD^+ 具有特异性的 β-羟酰基辅酶 A 脱氢酶，它催化 6-羟基环己-1-烯-1-羧基辅酶 A 的 β-氧化反应。6-氧代环己-1-烯-1-羧基辅酶 A 水解酶催化一分子水加成到 6-氧代环己-1-烯-1-羧基辅酶A的双键上，并水解脂环内的碳-碳（C-C）键，从而生成3-羟基庚二酰辅酶A[118]。

1.3.4　苯酚降解的转录调控机制

细菌降解芳香族化合物（包括苯酚及其衍生物）的基因的转录调控机制主要包括特异性调控和全局性调控。

细菌代谢芳香化合物的特异性调控是依靠调控蛋白与启动子结合发挥作用，主要依赖环境中特异性的信号分子刺激调控蛋白，使调控蛋白激活特定的启动子转录。苯酚降解酶的编码基因大都是以基因簇的形式排列，其关键酶的基因的转录受到特定的调控蛋白控制。目前大量研究已经发现以下几类调控蛋白家族：LysR调控蛋白家族，NtrC调控蛋白家族，AraC/XylS调控蛋白家族，IclR调控蛋白家族，CRP/FNR调控蛋白家族，GntR调控蛋白家族，MarR调控蛋白家族，TetR调控蛋白家族以及双组分调控蛋白家族[119]。这些调控蛋白所属家族不同，调控机制也有各有差异，但是它们的基本结构和调控模式是类似的。这些调控蛋白都包含信号感应域与DNA结合域，信号感应域受到苯酚等类似的芳香化合物信号的刺激后，DNA结合域结合在相应的启动子上，激活降解基因启动子的活性，启动相关基因的转录[120]。调控系统与降解基因的进化并不是同步的，不同微生物中同样的代谢途径也存在多种调控系统[119]。下面介绍几种常见的参与苯酚降解的调控蛋白家族的调控机制。

(1) LysR调控蛋白家族

控制芳香化合物代谢的LysR调控蛋白是共诱导剂响应的转录调控因子，是一种刺激剂，并且与经典的β-酮己二酸途径相关联。例如恶臭假单胞菌（*P. putida*）中参与邻苯二酚降解的CatR调控蛋白以及氯儿茶酚降解的ClcR调控蛋白都属于LysR家族。参与芳香化合物降解的LysR型调控蛋白会对诱导物做出响应，激活代谢基因的启动子，同时会抑制自身的合成。LysR型调控蛋白结合的启动子序列长度为50～60bp，且包含一个识别结合位点（RBS）

和一个激活结合位点（ABS）。RBS 是一个位于启动子上游－66 位的高亲和力结合位点，包含一个特征性的反向重复基序，包括一个 T-N11-A 共有序列。ABS 是一个低亲和力结合位点，具有半二元对称性，位于启动子上游－27 至－32 位[119]。

（2）NtrC 调控蛋白家族

许多参与调控酚类分解代谢途径的转录调节因子属于 NtrC 家族，它们可以激活 σ^{54} 型启动子，这一类启动子上有一段高度保守序列－12（GC）/－24（GG），可以被 σ^{54}-RNA 聚合酶（RNAP）识别，启动子的上游激活子序列（UAS）位于启动子上游 70 bp 以上并与 NtrC 型调控蛋白结合[121]。NtrC 型调控蛋白一般包含三种不同的结构域：①N-端为调控区域负责感应效应物；②负责多聚化为六聚体和 ATP 水解（激活）活性的中心域；③C-端的 DNA 结合域，是调控蛋白与降解基因的启动子结合的区域。当效应物与 NtrC 型调控蛋白的调控区域结合后，NtrC 蛋白寡聚化并与 UAS 结合，在与 σ^{54}-RNA 聚合酶建立联系后，利用 ATP 水解产生的能量激活聚合酶的转录活性，起始降解基因的转录[122]。具体的作用于分解代谢途径启动子的 NtrC 型调控因子又常被称为 XylR/DmpR 类型。大量研究发现 XylR/DmpR 型调控蛋白可正向调控参与苯酚降解的大型操纵子基因的表达，在许多属于变形菌门的菌株中都发现了这些基因，例如，假单胞菌属（*Pseudomonas*）、贪铜菌（*Cupriavidus*）、伯克氏菌属（*Burkholderia*）、罗尔斯顿菌属（*Ralstonia*）、丛毛单胞菌属（*Comamonas*）[86]。

（3）AraC/XylS 型调控蛋白家族

AraC/XylS 型调控蛋白广泛分布于原核生物中，负责调控芳香族化合物的分解代谢，其中 XylS 蛋白是 AraC 家族中最具特征的。AraC/XylS 型调控蛋白具有两个结构域，分别是 C 端 DNA 结合域和 N 端信号域，他们由一个相对开放的连接器连接。更多变的 N 端负责与辅因子结合或多聚化；C 端包含了两个螺旋-转角-螺旋（H-T-H）的 DNA 结合序列[123]，使调控蛋白结合在启动子上激活转录。Chen 等[120] 研究表明，AraC 型调控蛋白 PheR 调控谷氨酸棒杆菌中双组分苯酚羟化酶 Phe 的转录，结合序列位于 Phe 上游－109bp 处的两个反向重复序列。

除了特异性调控之外，全局性调控也是细菌代谢网络的重要调控机制。而目前对细菌代谢芳香化合物的全局性调控的报道较少，对其全局性调控机制还不够清晰。目前关于酚类代谢的全局性调控因子的研究多集中于恶臭假单胞菌，在其中已经发现的全局性调控模式有碳代谢阻遏（carbon catabolite repression，CCR），RNA伴侣蛋白Hfq，饥饿信号分子（p）ppGpp调控，宿主整合因子（Integration host factor，IHF）以及磷酸转移酶系统（PTS^{Ntr}）[124,125]。其中，碳抑制控制蛋白Crc与RNA伴侣蛋白Hfq会基于环境中的碳源情况通过协同作用下调苯酚羟化酶转录调控因子DmpR的翻译来抑制（甲基）苯酚代谢的Dmp基因簇的转录从而影响菌株对（甲基）苯酚的利用[126]。ppGpp与IHF则分别通过募集RNA聚合酶与介导DNA弯曲来激活酚类代谢基因启动子的表达从而影响菌株对酚类的代谢效率[127]，而非磷酸化形式的PtsN则抑制相关的启动子[128]。碳源、生长阶段、氮限制、营养饥饿等环境条件会刺激这些全局性因子参与酚类的代谢调控。

1.3.5 苯酚降解菌对苯酚的耐受机制

苯酚等芳香化合物具有生物毒性，会对细胞结构造成破坏，从而影响细胞内部的结构与生理功能，因此，微生物在降解这些芳香化合物的过程中需要克服这些有毒物质对细胞的损伤，保证细胞结构和功能的完整性。大量的研究表明微生物对苯酚的耐受是一个多因素的过程，需要细胞利用一系列的生理和基因表达变化来完成。

(1) 改变细胞膜结构

研究表明，将细菌放入存在苯酚的环境中时，细菌会通过改变细胞膜中脂肪酸组成成分比例，调整膜上的溶剂外排泵系统和孔蛋白来抗外界的胁迫环境。脂肪酸成分的改变有助于增加细胞膜的刚性，主要是通过改变不饱和脂肪酸的顺反比来实现的[129]。Henson等[130]研究发现红球菌*Rhodococcus opacus* PD630在含苯酚环境中生长，脂质的代谢变化会影响菌膜和磷脂膜的组成，这与菌株的苯酚耐受性相关。另外，外排泵系统被认为是革兰氏阴性菌耐受有毒溶剂的最有效机制，外排泵可以将细胞（膜、周质或细胞质）中存在的过量溶剂泵送到外部介质，有效防止化学物质在细胞中达到致死浓度[129]。Roma 等[131] 分析了恶臭假单胞菌 *Pseudomonas putida* KT2440 在苯酚胁迫下膜蛋白的变化，发现菌株暴露在苯酚环境后，溶剂外排泵系统（例如 TtgA、TtgC、Ttg2A 和 Ttg2C）蛋白量是增加的，而孔蛋白 OprB、OprF、OprG 和 OprQ 的含量降低，这与降低胞内苯酚浓度的适应性响应一致。

(2) 增强抗氧化系统

许多研究证实苯酚会诱导细胞内活性氧（reactive oxygen species，ROS）的产生，引起细菌的氧化应激。Santos 等[132] 通过蛋白质组学分析了恶臭假单胞菌 *Pseudomonas putida* KT2440 对苯酚的耐受机制，发现苯酚诱导产生的活性氧会激活细菌中的抗氧化防御机制，上调烷烃过氧化氢还原酶（AhpC），超氧化物歧化酶（SodB）和巯基过氧化物酶（Tpx）这些被证实涉及保护细菌应对氧化胁迫的蛋白。另外，Zhou 等[133] 也发现许多抗氧化酶对小球藻（*Chlorella*）耐受苯酚发挥了重要作用，这些酶包括超氧化物歧化酶（SOD）、谷胱甘肽还原酶（GR）、过氧化氢酶（CAT）、谷胱甘肽过氧化物酶（GPX）和抗坏血酸过氧化物酶（APX）等。

(3) 分子伴侣

分子伴侣是一类能够协助细胞内分子组装和蛋白折叠的蛋白质，它们在基因序列上没有相关性但是功能高度相似。此类蛋白在微生物细胞中普遍存在，对维持细胞内的蛋白质稳定，以及对细胞的保护起着至关重要的作用。Ontanon 等[134] 利用蛋白质组学分析发现不动杆菌 *Acinetobacter guillouiae* SFC 500-1A 受到苯酚处理后，上调分子伴侣 DnaK 和 HscA 的表达，DnaK 可以帮助错误折叠的蛋白重新折叠，能有效保护细菌在压力环境下蛋白质的形成；而 HscA 是一种特殊的分子伴侣，参与［Fe-S］蛋白在不同压力条件下的重新折叠和成熟。GroESL，IbpA，HtpG，GrpE 等分子伴侣也被证实对菌株耐受苯酚等有毒溶剂发挥重要作用[129,132]。

1.4 同步脱氮除酚微生物的研究现状

酚类污染物与氨氮、硝态氮等氮污染物往往共存于废水中，能够在同一个设备中同时去除多种污染物被认为是一种更优的策略，这有利于降低成本，提高污染物的去除效率[135]。许多研究人员利用生物反应器或微生物菌群来尝试废水的同步脱氮除酚，并取得了一定的成果。Omena 等[136]研究采用缺氧流化床反应器来同时去除废水中的苯酚和硝态氮，在进水为 335mg/L 的苯酚以及 260mg/L 的硝态氮条件下，苯酚和硝态氮的去除率分别为 100%和 79%。Feng 等[17]则利用微生物燃料电池来同步去除苯酚和氮，实现了最高同时去除 230mg/L 的氨氮以及 1400mg/L 的苯酚的效果。Liu 等人[137] 则在实验室规模的 SBR 反应器中实现了苯酚和氨氮的同步降解，300mg/L 的苯酚的降解达到 99%以上，氨和总氮的平均去除效率分别为 98.4% 和 81.9%，其中平均氨氮浓度为 107.5mg/L[137]。Ryu 等人[138] 利用微藻-细菌联合体来处理有毒焦炭废水，实现了苯酚和氨氮的同步去除。目前，对同步去除酚类和氮类污染物的研究还处于初步阶段，利用废水处理系统去除污染物的效率有待进一步提升，而利用功能微生物进行生物强化是提升污水处理系统效率的一种有效手段[139]。生物强化的基础是功能微生物，因此筛选出具有同步脱氮除酚能力的细菌，并了解这些菌株的相关代谢机制对提升废水处理效率具有重要的科学意义和应用价值。

然而，目前对单菌株实现同步脱氮除酚的研究还十分有限，对其代谢机制的了解还不够充分。已报道的能够实现同步脱氮除酚的菌株主要有：假单胞菌 HJ3（*Pseudomonas* sp. HJ3）[140]，该菌株能够完成同步异养硝化-好氧反硝化并同时降解苯酚，通过强化接种该菌株，有效地提升了反应器中对氨氮和苯酚的去除效率；沙雷氏菌 LJ-1（*Serratia* sp. LJ-1）[141]，该菌株对氨氮和苯酚的最大去除率分别为 1.08±0.05mg/(L·h) 和 2.14 ±0.08mg/（L·h)，同时发现该菌株中氨通过硝化作用和好氧反硝化作用去除，而苯酚通过邻位途径进行生物降解最终矿化成二氧化碳；*Diaphorobacter* sp PD-7[11] 能够以苯酚作为唯一碳源和能源，在好氧条件下同时降解硝态氮和氨氮，在苯酚初始浓度为1400mg/L，氨氮的初始浓度为120mg/L条件下，两种底物可以在85h内完全降解，而氮源为160mg/L的硝态氮时，硝态氮可以在75h内完全降解，苯酚完全降解需要85h；粪产碱杆菌WY-01（*Alcaligenes faecalis* WY-01）也能够实现苯酚和氨氮的共代谢，Chen[142] 等人发现醋酸钠的添加能有利于菌株WY-01生长并提升氨氮的去除效率，同时能减少菌株在500mg/L以上的高浓度苯酚下的延滞期。

可以看出，目前筛选出的能够同步脱氮除酚菌株数量有限，并且对这些菌株同步脱氮除酚的研究多集中于对降解效果的初步探究，而对菌株共代谢机制的研究鲜有报道。因此，加深对同步脱氮除酚微生物的研究并充分利用此类微生物的优势来进行含酚含氮废水的处理具有重要研究价值。

1.5 细菌同步脱氮除酚的意义

水污染问题一直受到广泛的关注，工业废水的有效处理是安全用水的一项重要保障。目前，生物法废水处理技术被证实是经济、安全、有效、无污染，其核心是各种功能菌，它们能够利用自身的新陈代谢作用去除废水中的污染物。根据文献可知，许多工业过程产生的废水中都含有苯酚和氮素污染，而废水中的苯酚等酚类物质会对脱氮过程产生抑制作用。因此，高效地去除废水中酚类和氮污染成为处理含酚废水亟需解决的问题。目前关于苯酚和氮素共降解的研究多是利用生物系统中的菌群，而能够同时脱氮除酚的单株菌的研究还鲜有报道。因此，筛选能够同时脱氮除酚的菌株对于生物法处理工业废水具有十分重要的意义。这不仅丰富了废水处理微生物的应用资源，而且有利于深入探究菌株同步脱氮除酚的机理，为实际应用提供重要的理论基础。

本书以此为出发点，阐述了同步脱氮除酚的细菌的筛选流程，并确定该菌株的降解效果及降解特性，证明此类菌株具备生物处理废水的应用潜力。同时利用基因组学和蛋白组学等方法并结合分子生物学手段来揭示菌株的代谢机理及耐受机制，丰富对微生物同步脱氮除酚的相关机理的了解，为相关功能菌更好地应用于工程实践提供重要的理论依据。

本书的研究内容包括以下几个部分：

(1) 脱氮除酚菌株的筛选及鉴定

阐明利用选择培养基，采用稀释涂布平板法筛选出能够同时利用苯酚和氨氮的菌株，并通过形态学以及 16S rDNA 对菌株进行鉴定，明确其分类信息。利用第三代测序平台对菌株进行全基因组测序，得到该菌株的全部遗传信息。利用生物信息学方法分析菌株基因组，揭示该菌株的代谢潜力，获取该菌株相关代谢功能基因，确定苯酚降解途径及脱氮途径。

(2) 确定菌株脱氮除酚的效果及降解特性

以筛选出的菌株为研究对象，探究菌株硝化及反硝化的效率、苯酚的降解效率、同步脱氮除酚的效率。通过单因素实验，分析碳源、碳氮比、初始 pH 值、温度、转速等环境因子对菌株降解效率的影响，确定最适降解条件。

(3) 确定苯酚降解基因表达调控机制

对菌株苯酚代谢通路进行研究，分析鉴定苯酚代谢基因簇的结构以及启动子序列，确定苯酚降解调控蛋白的功能。通过体内构建与报告基因融合的质粒系统、蛋白组与 DNA 相互作用等方法来验证苯酚降解基因的表达调控机制。

(4) 阐明菌株同步脱氮除酚过程的代谢机理及适应性机制

利用 DIA 蛋白质组学定量技术，分析比较同步脱氮除酚过程中延滞期、对数生长期和未受苯酚胁迫正常生长条件下蛋白组表达图谱的差异，进一步确定同步脱氮除酚过程中菌株的苯酚降解途径以及脱氮途径。同时从全局性角度分析菌株在苯酚胁迫过程中的基因表达的差异，挖掘相关的基因与代谢通路，揭示菌株在不同胁迫阶段的适应性变化。

参考文献

[1] Liu Y J，Zhang A N，Wang X C. Biodegradation of phenol by using free and immobilized cells of *Acinetobacter* sp. XA05 and *Sphingomonas* sp. FG03 [J]. Biochem Eng J，2009，44 (2-3)：187-192.

[2] Polat H，Molva M，Polat M. Capacity and mechanism of phenol adsorption on lignite [J]. Int J Miner Process，2006，79 (4)：264-273.

[3] 陈军. 氯过氧化物酶对苯酚生物降解的促进作用及其动力学研究 [D]. 上海：上海师范大学，2014.

[4] Dreyer S J，Beckworth W J. Commonly Used Medications in Procedures [M]. Pain Procedures in Clinical Practice. Saint Louis；Hanley & Belfus. 2011：5-12.

[5] Maneeruttanarungroj C，Incharoensakdi A. Rapid method for DNA isolation from a tough cell wall green alga *Tetraspora* sp. CU2551 [J]. World J Microbiol Biotechnol，2016，32 (6)：99.

[6] Heipieper H J，Keweloh H，Rehm H J. Influence of phenols on growth and membrane permeability of free and immobilized *Escherichia coli* [J]. Appl Environ Microbiol，1991，57 (4)：1213-1217.

[7] Montanera K N，Anwar Z，Shibin S M，et al. ChIP-exo：A method to study chromatin structure and organization at near-nucleotide resolution [M]. Epigenetics Methods. Academic Press. 2020：323-352.

[8] Villegas L G C，Mashhadi N，Chen M，et al. A Short Review of Techniques for Phenol Removal from Wastewater [J]. Current Pollution Reports，2016，2 (3)：157-167.

[9] 邢军. 苯、氯苯、苯酚、4-氯酚对斑马鱼、孔雀鱼、剑尾鱼的急性毒性 [J]. 生态环境学报，2011，20 (11)：1720-1724.

[10] 张威，张文卿. 国内外含酚废水处理技术的研究与进展 [J]. 环境保护与循环经济，2008，(02)：29-31.

[11] Ge Q L，Yue X P，Wang G Y. Simultaneous heterotrophic nitrification and aerobic denitrification at high initial phenol concentration by isolated bacterium *Diaphorobacter* sp PD-7 [J]. Chin J Chem Eng，2015，23 (5)：835-841.

[12] 裴芳，罗泽娇，彭进进，et al. 某炼油厂退役场地土壤与浅层地下水酚类污染特征研究 [J]. 环境科学，2012，33 (12)：4251-4255.

[13] 韩丰磊，李婷，孙慧，et al. 废弃石化用地土壤和地下水污染调查与评估 [J]. 土壤通报，2020，51（05）：1238-1245.

[14] 沈昌娇. 某焦化厂场地调查与风险评价的实践研究 [D]. 广州：广东工业大学，2020.

[15] Peng L，Liu Y，Gao S H，et al. Evaluating simultaneous chromate and nitrate reduction during microbial denitrification processes [J]. Water Res，2016，89：1-8.

[16] Eiroa M，Vilar A，Amor L，et al. Biodegradation and effect of formaldehyde and phenol on the denitrification process [J]. Water Res，2005，39（2-3）：449-455.

[17] Feng C，Huang L，Yu H，et al. Simultaneous phenol removal，nitrification and denitrification using microbial fuel cell technology [J]. Water Res，2015，76：160-170.

[18] Wang Y，Chen H，Liu Y X，et al. An adsorption-release-biodegradation system for simultaneous biodegradation of phenol and ammonium in phenol-rich wastewater [J]. Bioresour Technol，2016，211：711-719.

[19] Zhang X，Yan J W，Luo X T，et al. Simultaneous ammonia and Cr（Ⅵ）removal by *Pseudomonas aeruginosa* LX in wastewater [J]. Biochemical Engineering Journal，2020，157：107551.

[20] Chen J，Gu S，Hao H，et al. Characteristics and metabolic pathway of *Alcaligenes* sp. TB for simultaneous heterotrophic nitrification-aerobic denitrification [J]. Appl Microbiol Biotechnol，2016，100（22）：9787-9794.

[21] Robertson L A，van Niel E W，Torremans R A，et al. Simultaneous Nitrification and Denitrification in Aerobic Chemostat Cultures of *Thiosphaera pantotropha* [J]. Appl Environ Microbiol，1988，54（11）：2812-2818.

[22] Wang T，Dang Q，Liu C，et al. Heterotrophic nitrogen removal by a newly-isolated alkalitolerant microorganism，*Serratia marcescens* W5 [J]. Bioresour Technol，2016，211：618-627.

[23] Brierley E D R，Wood M. Heterotrophic nitrification in an acid forest soil：isolation and characterisation of a nitrifying bacterium [J]. Soil Biology & Biochemistry，2001，33（10）：1403-1409.

[24] 孙庆花，于德爽，张培玉，et al. 1株海洋异养硝化-好氧反硝化菌的分离鉴定及其脱氮特性 [J]. 环境科学，2016，37（02）：647-654.

[25] Huang T，Guo L，Zhang H，et al. Nitrogen-removal efficiency of a novel aerobic denitrifying bacterium，*Pseudomonas stutzeri* strain ZF31，isolated from a drinking-water reservoir [J]. Bioresour Technol，2015，196：209-216.

[26] Chen P，Li J，Li Q X，et al. Simultaneous heterotrophic nitrification and aerobic

denitrification by bacterium *Rhodococcus* sp. CPZ24 [J]. Bioresour Technol, 2012, 116: 266-270.

[27] Rout P R, Bhunia P, Dash R R. Simultaneous removal of nitrogen and phosphorous from domestic wastewater using *Bacillus cereus* GS-5 strain exhibiting heterotrophic nitrification, aerobic denitrification and denitrifying phosphorous removal [J]. Bioresour Technol, 2017, 244 (Pt 1): 484-495.

[28] Huang H K, Tseng S K. Nitrate reduction by *Citrobacter diversus* under aerobic environment [J]. Appl Microbiol Biotechnol, 2001, 55 (1): 90-94.

[29] Hu B, Lu J, Qin Y, et al. A critical review of heterotrophic nitrification and aerobic denitrification process: Influencing factors and mechanisms [J]. Journal of Water Process Engineering, 2023, 54: 103995.

[30] Zhao B, Cheng D Y, Tan P, et al. Characterization of an aerobic denitrifier *Pseudomonas stutzeri* strain XL-2 to achieve efficient nitrate removal [J]. Bioresour Technol, 2018, 250: 564-573.

[31] Guo L, Chen Q, Fang F, et al. Application potential of a newly isolated indigenous aerobic denitrifier for nitrate and ammonium removal of eutrophic lake water [J]. Bioresource Technology, 2013, 142: 45-51.

[32] Carneiro Fidélis Silva L, Santiago Lima H, Antônio de Oliveira Mendes T, et al. Heterotrophic nitrifying/aerobic denitrifying bacteria: Ammonium removal under different physical-chemical conditions and molecular characterization [J]. Journal of Environmental Management, 2019, 248: 109294.

[33] Zhang Q-L, Liu Y, Ai G-M, et al. The characteristics of a novel heterotrophic nitrification-aerobic denitrification bacterium, *Bacillus methylotrophicus* strain L7 [J]. Bioresource Technology, 2012, 108: 35-44.

[34] Guo Y, Zhou X, Li Y, et al. Heterotrophic nitrification and aerobic denitrification by a novel *Halomonas campisalis* [J]. Biotechnology Letters, 2013, 35 (12): 2045-2049.

[35] Yang L, Wang X-H, Cui S, et al. Simultaneous removal of nitrogen and phosphorous by heterotrophic nitrification-aerobic denitrification of a metal resistant bacterium *Pseudomonas putida* strain NP5 [J]. Bioresource Technology, 2019, 285: 121360.

[36] Yu X, Jiang Y, Huang H, et al. Simultaneous aerobic denitrification and Cr (VI) reduction by *Pseudomonas brassicacearum* LZ-4 in wastewater [J]. Bioresour Technol, 2016, 221: 121-129.

[37] Xia L, Li X, Fan W, et al. Heterotrophic nitrification and aerobic denitrification by a novel *Acinetobacter* sp. ND7 isolated from municipal activated sludge [J]. Biore-

source Technology, 2020, 301: 122749.

[38] Yang J-R, Wang Y, Chen H, et al. Ammonium removal characteristics of an acid-resistant bacterium *Acinetobacter* sp. JR1 from pharmaceutical wastewater capable of heterotrophic nitrification-aerobic denitrification [J]. Bioresource Technology, 2019, 274: 56-64.

[39] Zhang N, Chen H, Lyu Y, et al. Nitrogen removal by a metal-resistant bacterium, *Pseudomonas putida* ZN1, capable of heterotrophic nitrification-aerobic denitrification [J]. Journal of Chemical Technology & Biotechnology, 2019, 94 (4): 1165-1175.

[40] Huang X, Li W, Zhang D, et al. Ammonium removal by a novel oligotrophic *Acinetobacter* sp. Y16 capable of heterotrophic nitrification-aerobic denitrification at low temperature [J]. Bioresource Technology, 2013, 146: 44-50.

[41] Baek S H, Shapleigh J P. Expression of nitrite and nitric oxide reductases in free-living and plant-associated *Agrobacterium tumefaciens* C58 cells [J]. Appl Environ Microbiol, 2005, 71 (8): 4427-4436.

[42] Patureau D, Bernet N, Delgenes J P, et al. Effect of dissolved oxygen and carbon-nitrogen loads on denitrification by an aerobic consortium [J]. Appl Microbiol Biotechnol, 2000, 54 (4): 535-542.

[43] Ji B, Yang K, Zhu L, et al. Aerobic denitrification: A review of important advances of the last 30 years [J]. Biotechnology and Bioprocess Engineering, 2015, 20 (4): 643-651.

[44] Zhang J, Wu P, Hao B, et al. Heterotrophic nitrification and aerobic denitrification by the bacterium *Pseudomonas stutzeri* YZN-001 [J]. Bioresour Technol, 2011, 102 (21): 9866-9869.

[45] Ji B, Wang H, Yang K. Tolerance of an aerobic denitrifier (*Pseudomonas stutzeri*) to high O_2 concentrations [J]. Biotechnol Lett, 2014, 36 (4): 719-722.

[46] Thomas K L, Lloyd D, Boddy L. Effects of oxygen, pH and nitrate concentration on denitrification by *Pseudomonas* species [J]. FEMS Microbiol Lett, 1994, 118 (1-2): 181-186.

[47] Duan J, Fang H, Su B, et al. Characterization of a halophilic heterotrophic nitrification-aerobic denitrification bacterium and its application on treatment of saline wastewater [J]. Bioresource Technology, 2015, 179: 421-428.

[48] Qusheng J, Kirk M F. pH as a Primary Control in Environmental Microbiology: 1. Thermodynamic Perspective [J]. Frontiers in Environmental Science, 2018, 6: 21.

[49] Qu Y Y, Zhang R J, Ma F, et al. Bioaugmentation with a novel alkali-tolerant *Pseudomonas* strain for alkaline phenol wastewater treatment in sequencing batch reac-

tor [J]. World Journal of Microbiology & Biotechnology, 2011, 27 (8): 1919-1926.

[50] Xie S G, Zhang X J, Wang Z S. Temperature effect on aerobic denitrification and nitrification [J]. J Environ Sci (China), 2003, 15 (5): 669-673.

[51] Yao S, Ni J, Ma T, et al. Heterotrophic nitrification and aerobic denitrification at low temperature by a newly isolated bacterium, *Acinetobacter* sp. HA2 [J]. Bioresour Technol, 2013, 139: 80-86.

[52] Takenaka S, Zhou Q, Kuntiya A, et al. Isolation and characterization of thermotolerant bacterium utilizing ammonium and nitrate ions under aerobic conditions [J]. Biotechnol Lett, 2007, 29 (3): 385-390.

[53] Kuypers M M M, Marchant H K, Kartal B. The microbial nitrogen-cycling network [J]. Nat Rev Microbiol, 2018, 16 (5): 263-276.

[54] Richardson D J, Watmough N J. Inorganic nitrogen metabolism in bacteria [J]. Curr Opin Chem Biol, 1999, 3 (2): 207-219.

[55] Richardson D J, Wehrfritz J M, Keech A, et al. The diversity of redox proteins involved in bacterial heterotrophic nitrification and aerobic denitrification [J]. Biochem Soc Trans, 1998, 26 (3): 401-408.

[56] Norton J M, Alzerreca J J, Suwa Y, et al. Diversity of ammonia monooxygenase operon in autotrophic ammonia-oxidizing bacteria [J]. Arch Microbiol, 2002, 177 (2): 139-149.

[57] 王莹. 异养硝化细菌 WY-01 同步脱氮除酚性能及机理研究 [D]. 太原: 太原理工大学, 2016.

[58] Caranto J D, Lancaster K M. Nitric oxide is an obligate bacterial nitrification intermediate produced by hydroxylamine oxidoreductase [J]. Proc Natl Acad Sci U S A, 2017, 114 (31): 8217-8222.

[59] Moreno-Vivian C, Cabello P, Martinez-Luque M, et al. Prokaryotic nitrate reduction: Molecular properties and functional distinction among bacterial nitrate reductases [J]. Journal of Bacteriology, 1999, 181 (21): 6573-6584.

[60] Sánchez C, Minamisawa K. Redundant roles of Bradyrhizobium oligotrophicum Cu-type (NirK) and cd1-type (NirS) nitrite reductase genes under denitrifying conditions [J]. FEMS Microbiology Letters, 2018, 365 (5).

[61] Nurizzo D, Silvestrini M-C, Mathieu M, et al. N-terminal arm exchange is observed in the 2. 15 A; crystal structure of oxidized nitrite reductase from *Pseudomonas aeruginosa* [J]. Structure, 1997, 5 (9): 1157-1171.

[62] Jain R, Shapleigh J P. Characterization of nirV and a gene encoding a novel pseudoa-

zurin in *Rhodobacter sphaeroides* 2.4.3 [J]. Microbiology, 2001, 147 (9): 2505-2515.

[63] Lintuluoto M, Lintuluoto J M. Intra-electron transfer induced by protonation in copper-containing nitrite reductase† [J]. Metallomics, 2018, 10 (4): 565-578.

[64] Li Y, Hodak M, Bernholc J. Enzymatic Mechanism of Copper-Containing Nitrite Reductase [J]. Biochemistry, 2015, 54 (5): 1233-1242.

[65] Hino T, Matsumoto Y, Nagano S, et al. Structural Basis of Biological N_2O Generation by Bacterial Nitric Oxide Reductase [J]. Science, 2010, 330 (6011): 1666-1670.

[66] Matsumoto Y, Tosha T, Pisliakov A V, et al. Crystal structure of quinol-dependent nitric oxide reductase from *Geobacillus stearothermophilus* [J]. Nature Structural & Molecular Biology, 2012, 19 (2): 238-245.

[67] Al-Attar S, de Vries S. An electrogenic nitric oxide reductase [J]. FEBS Letters, 2015, 589 (16): 2050-2057.

[68] Yang J, Feng L, Pi S, et al. A critical review of aerobic denitrification: Insights into the intracellular electron transfer [J]. Sci Total Environ, 2020, 731: 139080.

[69] Wunsch P, Zumft W G. Functional domains of NosR, a novel transmembrane iron-sulfur flavoprotein necessary for nitrous oxide respiration [J]. J Bacteriol, 2005, 187 (6): 1992-2001.

[70] Pauleta S R, Dell' Acqua S, Moura I. Nitrous oxide reductase [J]. Coord Chem Rev, 2013, 257 (2): 332-349.

[71] Pomowski A, Zumft W G, Kroneck P M H, et al. N_2O binding at a [4Cu: 2S] copper-sulphur cluster in nitrous oxide reductase [J]. Nature, 2011, 477 (7363): 234-257.

[72] Urs K, Zimmern P E, Reitzer L. Control of *glnA* (glutamine synthetase) expression by urea in non-pathogenic and uropathogenic *Escherichia coli* [J]. Journal of Bacteriology, 2023, 205 (11).

[73] Unden G, Klein R. Sensing of O and nitrate by bacteria: alternative strategies for transcriptional regulation of nitrate respiration by O and nitrate [J]. Environmental Microbiology, 2021, 23 (1): 5-14.

[74] Han Y, Li C, Yan Y, et al. Post-transcriptional control of bacterial nitrogen metabolism by regulatory noncoding RNAs [J]. World Journal of Microbiology and Biotechnology, 2022, 38 (7): 126.

[75] Sánchez-Cañizares C, Prell J, Pini F, et al. Global control of bacterial nitrogen and carbon metabolism by a PTS^{Ntr}-regulated switch [J]. Proceedings of the National

Academy of Sciences，2020，117（19）：10234-10245.

[76] Ensinck D，Gerhardt E C M，Rollan L，et al. The PII protein interacts with the Amt ammonium transport and modulates nitrate/nitrite assimilation in mycobacteria [J]. Frontiers in Microbiology，2024，15.

[77] 邹家庆. 工业废水处理技术 [M]. 北京：化学工业出版社，2003.

[78] 付玲玲. 苯酚降解菌的筛选及其特性的研究 [D]. 沈阳：东北大学 2009.

[79] El-Naas M H，Al-Muhtaseb S A，Makhlouf S. Biodegradation of phenol by *Pseudomonas putida* immobilized in polyvinyl alcohol（PVA）gel [J]. J Hazard Mater，2009，164（2-3）：720-725.

[80] Margesin R，Fonteyne P A，Redl B. Low-temperature biodegradation of high amounts of phenol by *Rhodococcus* spp. and basidiomycetous yeasts [J]. Res Microbiol，2005，156（1）：68-75.

[81] Hao O J，Kim M H，Seagren E A，et al. Kinetics of phenol and chlorophenol utilization by *Acinetobacter* species [J]. Chemosphere，2002，46（6）：797-807.

[82] Arutchelvan V，Kanakasabai V，Elangovan R，et al. Kinetics of high strength phenol degradation using *Bacillus brevis* [J]. J Hazard Mater，2006，129（1-3）：216-222.

[83] Liu H，Yu Q J，Wang G X，et al. Biodegradation of phenol at high concentration by a novel yeast *Trichosporon montevideense* PHE1 [J]. Process Biochemistry，2011，46（8）：1678-1681.

[84] Acikgoz E，Ozcan B. Phenol biodegradation by halophilic archaea [J]. International Biodeterioration & Biodegradation，2016，107：140-146.

[85] Gunasundari D，Muthukumar K. Simultaneous Cr（VI）reduction and phenol degradation using *Stenotrophomonas* sp. isolated from tannery effluent contaminated soil [J]. Environ Sci Pollut Res Int，2013，20（9）：6563-6573.

[86] Nešvera J，Rucká L，Pátek M. Chapter Four- Catabolism of Phenol and Its Derivatives in Bacteria：Genes，Their Regulation，and Use in the Biodegradation of Toxic Pollutants [M]. Advances in Applied Microbiology. Academic Press. 2015：107-160.

[87] Yoneda A，Henson W R，Goldner N K，et al. Comparative transcriptomics elucidates adaptive phenol tolerance and utilization in lipid-accumulating *Rhodococcus opacus* PD630 [J]. Nucleic Acids Res，2016，44（5）：2240-2254.

[88] Zhou W，Guo W，Zhou H，et al. Phenol degradation by *Sulfobacillus acidophilus* TPY via the *meta*-pathway [J]. Microbiol Res，2016，190：37-45.

[89] Fuchs G，Boll M，Heider J. Microbial degradation of aromatic compounds- from one

strategy to four [J]. Nat Rev Microbiol, 2011, 9 (11): 803-816.

[90] Pelletier D A, Harwood C S. 2-Hydroxycyclohexanecarboxyl Coenzyme A Dehydrogenase, an Enzyme Characteristic of the Anaerobic Benzoate Degradation Pathway Used by *Rhodopseudomonas palustris* [J]. Journal of Bacteriology, 2000, 182 (10): 2753-2760.

[91] Boll M, Fuchs G. Benzoyl-coenzyme A reductase (dearomatizing), a key enzyme of anaerobic aromatic metabolism. ATP dependence of the reaction, purification and some properties of the enzyme from *Thauera aromatica* strain K172 [J]. Eur J Biochem, 1995, 234 (3): 921-933.

[92] Kung J W, Löffler C, Dörner K, et al. Identification and characterization of the tungsten-containing class of benzoyl-coenzyme A reductases [J]. Proc Natl Acad Sci U S A, 2009, 106 (42): 17687-17692.

[93] Leahy J G, Batchelor P J, Morcomb S M. Evolution of the soluble diiron monooxygenases [J]. FEMS Microbiology Reviews, 2003, 27 (4): 449-479.

[94] Murray L J, Lippard S J. Substrate Trafficking and Dioxygen Activation in Bacterial Multicomponent Monooxygenases [J]. Accounts of Chemical Research, 2007, 40 (7): 466-474.

[95] Sazinsky M H, Dunten P W, McCormick M S, et al. X-ray Structure of a Hydroxylase — Regulatory Protein Complex from a Hydrocarbon-Oxidizing Multicomponent Monooxygenase, *Pseudomonas* sp. OX1 Phenol Hydroxylase [J]. Biochemistry, 2006, 45 (51): 15392-15404.

[96] Izzo V, Leo G, Scognamiglio R, et al. PHK from phenol hydroxylase of *Pseudomonas* sp. OX1. Insight into the role of an accessory protein in bacterial multicomponent monooxygenases [J]. Archives of Biochemistry and Biophysics, 2011, 505 (1): 48-59.

[97] Tinberg C E, Song W J, Izzo V, et al. Multiple Roles of Component Proteins in Bacterial Multicomponent Monooxygenases: Phenol Hydroxylase and Toluene/o-Xylene Monooxygenase from *Pseudomonas* sp. OX1 [J]. Biochemistry, 2011, 50 (11): 1788-1798.

[98] Saa L, Jaureguibeitia A, Largo E, et al. Cloning, purification and characterization of two components of phenol hydroxylase from *Rhodococcus erythropolis* UPV-1 [J]. Applied Microbiology and Biotechnology, 2010, 86 (1): 201-211.

[99] van den Heuvel R H, Westphal A H, Heck A J, et al. Structural studies on flavin reductase PheA2 reveal binding of NAD in an unusual folded conformation and support novel mechanism of action [J]. J Biol Chem, 2004, 279 (13): 12860-12867.

[100] Ledger T, Pieper D H, González B. Chlorophenol hydroxylases encoded by plasmid pJP4 differentially contribute to chlorophenoxyacetic acid degradation [J]. Appl Environ Microbiol, 2006, 72 (4): 2783-2792.

[101] Hlouchova K, Rudolph J, Pietari J M H, et al. Pentachlorophenol Hydroxylase, a Poorly Functioning Enzyme Required for Degradation of Pentachlorophenol by *Sphingobium chlorophenolicum* [J]. Biochemistry, 2012, 51 (18): 3848-3860.

[102] Porter A W, Campbell B R, Kolvenbach B A, et al. Identification of the flavin monooxygenase responsible for ipso substitution of alkyl and alkoxyphenols in *Sphingomonas* sp. TTNP3 and *Sphingobium xenophagum* Bayram [J]. Applied Microbiology and Biotechnology, 2012, 94 (1): 261-272.

[103] Broderick J B. Catechol dioxygenases [J]. Essays Biochem, 1999, 34: 173-189.

[104] Vetting M W, Ohlendorf D H. The 1.8 Å crystal structure of catechol 1, 2-dioxygenase reveals a novel hydrophobic helical zipper as a subunit linker [J]. Structure, 2000, 8 (4): 429-440.

[105] Matera I, Ferraroni M, Kolomytseva M, et al. Catechol 1, 2-dioxygenase from the Gram-positive *Rhodococcus opacus* 1CP: Quantitative structure/activity relationship and the crystal structures of native enzyme and catechols adducts [J]. Journal of Structural Biology, 2010, 170 (3): 548-564.

[106] Helin S, Kahn P C, Guha B L, et al. The Refined X-ray Structure of Muconate Lactonizing Enzyme from *Pseudomonas putida* PRS2000 at 1.85 Å Resolution [J]. Journal of Molecular Biology, 1995, 254 (5): 918-941.

[107] Roth C, Gröning J A D, Kaschabek S R, et al. Crystal structure and catalytic mechanism of chloromuconolactone dehalogenase ClcF from *Rhodococcus opacus* 1CP [J]. Molecular Microbiology, 2013, 88 (2): 254-267.

[108] Bains J, Kaufman L, Farnell B, et al. A Product Analog Bound Form of 3-Oxoadipate-enol-Lactonase (PcaD) Reveals a Multifunctional Role for the Divergent Cap Domain [J]. Journal of Molecular Biology, 2011, 406 (5): 649-658.

[109] Fielding A J, Lipscomb J D, Que L. A two-electron-shell game: intermediates of the extradiol-cleaving catechol dioxygenases [J]. JBIC Journal of Biological Inorganic Chemistry, 2014, 19 (4): 491-504.

[110] Kita A, Kita S-i, Inaka K, et al. Crystallization and Preliminary X-Ray Diffraction Studies of Expressed *Pseudomonas putida* Catechol 2, 3-Dioxygenasel [J]. The Journal of Biochemistry, 1997, 122 (1): 201-204.

[111] Díaz E, Timmis K N. Identification of Functional Residues in a 2-Hydroxymuconic

Semialdehyde Hydrolase: A NEW MEMBER OF THE α/β HYDROLASE-FOLD FAMILY OF ENZYMES WHICH CLEAVES CARBON-CARBON BONDS (*) [J]. Journal of Biological Chemistry, 1995, 270 (11): 6403-6411.

[112] Wang P, Seah S Y K. Determination of the metal ion dependence and substrate specificity of a hydratase involved in the degradation pathway of biphenyl/chlorobiphenyl [J]. The FEBS Journal, 2005, 272 (4): 966-974.

[113] Manjasetty B A, Powlowski J, Vrielink A. Crystal structure of a bifunctional aldolase-dehydrogenase: sequestering a reactive and volatile intermediate [J]. Proc Natl Acad Sci U S A, 2003, 100 (12): 6992-6997.

[114] Cao B, Geng A, Loh K C. Induction of *ortho-* and *meta*-cleavage pathways in *Pseudomonas* in biodegradation of high benzoate concentration: MS identification of catabolic enzymes [J]. Appl Microbiol Biotechnol, 2008, 81 (1): 99-107.

[115] Harwood C S, Burchhardt G, Herrmann H, et al. Anaerobic metabolism of aromatic compounds via the benzoyl-CoA pathway [J]. FEMS Microbiology Reviews, 1998, 22 (5): 439-458.

[116] Möbitz H, Friedrich T, Boll M. Substrate binding and reduction of benzoyl-CoA reductase: evidence for nucleotide-dependent conformational changes [J]. Biochemistry, 2004, 43 (5): 1376-1385.

[117] Laempe D, Eisenreich W, Bacher A, et al. Cyclohexa-1, 5-diene-1-carboxyl-CoA hydratase, an enzyme involved in anaerobic metabolism of benzoyl-CoA in the denitrifying bacterium *Thauera aromatica* [J]. European Journal of Biochemistry, 1998, 255 (3): 618-627.

[118] Laempe D, Jahn M, Fuchs G. 6-Hydroxycyclohex-1-ene-1-carbonyl-CoA dehydrogenase and 6-oxocyclohex-1-ene-1-carbonyl-CoA hydrolase, enzymes of the benzoyl-CoA pathway of anaerobic aromatic metabolism in the denitrifying bacterium *Thauera aromatica* [J]. Eur J Biochem, 1999, 263 (2): 420-429.

[119] Durante-Rodríguez G, Gómez-Álvarez H, Nogales J, et al. One-Component Systems that Regulate the Expression of Degradation Pathways for Aromatic Compounds [M]. Cellular Ecophysiology of Microbe. 2016: 1-39.

[120] Chen C, Zhang Y, Xu L, et al. Transcriptional control of the phenol hydroxylase gene phe of *Corynebacterium glutamicum* by the AraC-type regulator PheR [J]. Microbiol Res, 2018, 209: 14-20.

[121] Beck L L, Smith T G, Hoover T R. Look, no hands! Unconventional transcriptional activators in bacteria [J]. Trends Microbiol, 2007, 15 (12): 530-537.

[122] Bush M, Dixon R. The role of bacterial enhancer binding proteins as specialized acti-

vators of sigma54-dependent transcription [J]. Microbiol Mol Biol Rev, 2012, 76 (3): 497-529.

[123] Seedorff J, Schleif R. Active role of the interdomain linker of AraC [J]. J Bacteriol, 2011, 193 (20): 5737-5746.

[124] Phale P S, Malhotra H, Shah B A. Chapter One- Degradation strategies and associated regulatory mechanisms/features for aromatic compound metabolism in bacteria [M]. Advances in Applied Microbiology. Academic Press. 2020: 1-65.

[125] Moreno R, Yuste L, Rojo F. The acetoin assimilation pathway of KT2440 is regulated by overlapping global regulatory elements that respond to nutritional cues [J]. Environmental Microbiology, 2023, 25 (2): 515-531.

[126] Wirebrand L, Madhushani A W K, Irie Y, et al. Multiple Hfq-Crc target sites are required to impose catabolite repression on (methyl) phenol metabolism in *Pseudomonas putida* CF600 [J]. Environmental Microbiology, 2018, 20 (1): 186-199.

[127] Ronneau S, Hallez R. Make and break the alarmone: regulation of (p) ppGpp synthetase/hydrolase enzymes in bacteria [J]. FEMS Microbiology Reviews, 2019, 43 (4): 389-400.

[128] Pérez-Pantoja D, Kim J, Platero R, et al. The interplay of EIIANtr with C-source regulation of the Pu promoter of *Pseudomonas putida* mt-2 [J]. Environmental Microbiology, 2018, 20 (12): 4555-4566.

[129] Ramos J L, Sol Cuenca M, Molina-Santiago C, et al. Mechanisms of solvent resistance mediated by interplay of cellular factors in *Pseudomonas putida* [J]. FEMS Microbiol Rev, 2015, 39 (4): 555-566.

[130] Henson W R, Hsu F F, Dantas G, et al. Lipid metabolism of phenol-tolerant *Rhodococcus opacus* strains for lignin bioconversion [J]. Biotechnol Biofuels, 2018, 11: 339.

[131] Roma-Rodrigues C, Santos P M, Benndorf D, et al. Response of *Pseudomonas putida* KT2440 to phenol at the level of membrane proteome [J]. J Proteomics, 2010, 73 (8): 1461-1478.

[132] Santos P M, Benndorf D, Sa-Correia I. Insights into *Pseudomonas putida* KT2440 response to phenol-induced stress by quantitative proteomics [J]. Proteomics, 2004, 4 (9): 2640-2652.

[133] Zhou L, Cheng D, Wang L, et al. Comparative transcriptomic analysis reveals phenol tolerance mechanism of evolved *Chlorella* strain [J]. Bioresour Technol, 2017, 227: 266-272.

[134] Ontanon O M, Landi C, Carleo A, et al. What makes *A*. *guillouiae* SFC 500-1A able to co-metabolize phenol and Cr (VI)? A proteomic approach [J]. J Hazard Mater, 2018, 354: 215-224.

[135] Zhou X, Wang G, Yin Z, et al. Performance and microbial community in a single-stage simultaneous carbon oxidation, partial nitritation, denitritation and anammox system treating synthetic coking wastewater under the stress of phenol [J]. Chemosphere, 2020, 243: 125382.

[136] Omena S P, Sader L T, Silva E L. Simultaneous removal of phenol and nitrate in an anoxic fluidized bed reactor [J]. J Environ Sci Health A Tox Hazard Subst Environ Eng, 2013, 48 (5): 581-591.

[137] Liu Q, Singh V P, Fu Z, et al. An anoxic-aerobic system for simultaneous biodegradation of phenol and ammonia in a sequencing batch reactor [J]. Environ Sci Pollut Res Int, 2017, 24 (12): 11789-11799.

[138] Ryu B G, Kim J, Han J I, et al. Feasibility of using a microalgal-bacterial consortium for treatment of toxic coke wastewater with concomitant production of microbial lipids [J]. Bioresour Technol, 2017, 225: 58-66.

[139] Herrero M, Stuckey D C. Bioaugmentation and its application in wastewater treatment: A review [J]. Chemosphere, 2015, 140: 119-128.

[140] Ma W, Han Y, Ma W, et al. Simultaneous nitrification and denitrification (SND) bioaugmentation with *Pseudomonas* sp. HJ3 inoculated for enhancing phenol and nitrogen removal in coal gasification wastewater [J]. Water Sci Technol, 2019, 80 (8): 1512-1523.

[141] Lu J, Jin Q, He Y L, et al. Simultaneous Removal of Phenol and Ammonium Using *Serratia* sp LJ-1 Capable of Heterotrophic Nitrification-Aerobic Denitrification [J]. Water Air and Soil Pollution, 2014, 225 (9).

[142] Chen H, Wang Y, Lv Y K. Simultaneous removal characteristics of ammonium and phenol by *Alcaligenes faecalis* strain WY-01 with the addition of acetate [J]. Bioprocess Biosyst Eng, 2021, 44 (1): 27-38.

第2章

同步脱氮除酚菌株的筛选及降解特性研究

2.1 引言

石油、化工、炼焦等工业过程产生的废水中通常含有大量的苯酚和氮污染物，这些废水对生态环境形成了严重的威胁[1]。生物法处理工业废水目前被认为是经济、环保、高效的，而生物处理技术的核心是功能微生物。因此，筛选出能够同时修复废水中苯酚和氮素污染的菌株，对于提升工业废水的有效处理具有积极的作用。

传统理论认为微生物脱氮主要包括自养型好氧硝化细菌的硝化作用和异养型厌氧反硝化细菌的反硝化作用。而近年来发现的异养硝化-好氧反硝化菌能够同时完成硝化作用和反硝化作用，生长速率较快且脱氮效率较高[2]。这类菌种的开发利用，为解决传统生物脱氮工艺中存在的启动时间长、占用空间大、生产成本高等问题提供了新的思路，为实现同一空间同步硝化反硝化脱氮工艺改进奠定了基础。另一方面，已有研究证明苯酚等酚类物质会抑制生物处理废水过程中的微生物的生理活性，是许多硝化和反硝化微生物的抑制剂[3]。因此，具有耐受苯酚能力的异养硝化-好氧反硝化菌更能在成分复杂的废水处理中发挥重要作用。

目前，关于单一细菌同时去除苯酚和氮的相关研究正逐渐受到关注，分离出具有同时去除苯酚和氮能力的细菌是很有价值的。本章内容试验中，一株能够同步实现苯酚和氮素去除的细菌 T2 从活性污泥中驯化筛选出来，并且通过生理生化方法和分子生物学方法对其功能以及分类进行了鉴定。同时，为了进一步了解同步脱氮除酚菌的代谢特征，以代表菌株 T2 为研究对象，深入挖掘其应用价值，探究不同条件对该菌株脱氮除酚效果的影响。

外部环境对微生物去除废水中污染物的效率有很大的影响，不同微生物在不同的环境条件下生物降解能力有巨大的差异。研究表明，碳源的类型、碳氮比、温度、pH 值以及溶氧量会对菌株脱氮性能产生重要的影响[4]。因此，探究环境因子对菌株脱氮性能的影响，有利于提升菌株的脱氮效率。此外，这些环境因素也会影响微生物降解苯酚的效率。因此，全面分析菌株在不同环境条件下脱氮与苯酚降解的性能，有利于了解菌株的代谢特性，同时也为实际应用提供了重要参考信息。

本章内容将草酸盐贪铜菌 *Cupriavidus oxalaticus* T2 作为主要研究对象，详细介绍了该菌株的筛选、鉴定过程，探究了不同环境条件对该菌株脱氮除酚的影响，以及该菌株脱氮除酚的代谢特征，这些研究内容可以为未来更多的同步脱氮除酚菌的研究提供数据参考与理论支持。除了对筛选出的脱氮除酚菌T2进行了详细研究，还将近期报道过的能够实现脱氮除酚的菌株的基本降解特性进行了归纳总结，这些内容可以进一步加强对这一类细菌的认识。

2.2 菌种的筛选及鉴定

菌种筛选实验所用的主要培养基为：

MSM 培养基/(g/L)：NaCl 1.0，NH_4Cl 0.38，K_2HPO_4 0.5，KH_2PO_4 0.5，$MgSO_4$ 0.1，$FeCl_3$ 0.03，pH 7.0。

LB 培养基/(g/L)：胰蛋白胨 10.0，酵母提取物 5.0，氯化钠 10.0。

对应的固体培养基需要额外添加 1.5%（*w/v*）的琼脂粉。

2.2.1 同步脱氮除酚菌的筛选

功能菌株的筛选是指从自然环境或微生物群体中分离、鉴定和筛选出具有特定功能的微生物的过程。其核心作用在于通过定向选择具有特定代谢能力或生物活性的菌株，以满足工业、环境、农业、医药等领域的应用需求。废水处理厂的活性污泥中含有大量污染物降解菌，是筛选功能菌的可靠来源。利用含酚废水处理系统中的活性污泥，筛选同步脱氮除酚菌株，详细筛选步骤如下所述：

吸取 10mL 的污泥混合液加入 100mL 含有 500mg/L 苯酚的 MSM 培养基中，以苯酚为碳源在 30℃，150r/min 条件下振荡培养，3 天为一个周期，培养 3 个周期后取最后一次的 10mL 培养液至 90mL 生理盐水中混匀，然后按照 10 倍的稀释度将培养液稀释至 10^{-2}～10^{-6}，取每个稀释度 100μL 混合液在筛选平板（添加了苯酚的 MSM 固体培养基）上进行平板涂布，30℃培养 3 天后，挑取平板上不同形态的单菌落至 5mL 液体 LB 培养基中进行培养。

将平板上挑取的菌落培养 24h 后，按 5%的接种量接种至含有 500mg/L 苯酚的 MSM 培养基中，30℃，150r/min 条件下培养 48h 后测定剩余的苯酚浓度及氨氮浓度。苯酚浓度的测定方法采用 4-氨基安替比林分光光度法（HJ 503—2009）。氨氮浓度的测定采用纳氏试剂分光光度法（HJ 535—2009）。比较菌株降解苯酚和氨氮的效率，挑选出性能最佳的菌株进行鉴定分析。同时将性能最佳的菌株培养后接种至相同的 MSM 培养基中，测定降解过程中培养基中总氮（TN）和化学需氧量（COD）变化，确定该菌株同步脱氮除酚的能力。COD 的测定方法采用重铬酸盐法（HJ 828—2017）。总氮的测定方法采用碱性过硫酸钾消解紫外分光光度法（HJ 636—2012）。

按照上述方法，将富集培养液按稀释梯度均匀涂布在筛选平板上，30℃培养 3 天，最终挑选了 4 种不同形态的菌落，编号为 T1-T4，分别接种至 LB 培养基中进行纯化培养。在 30℃，150r/min 条件下振荡培养 24h 后，按 5%的接种量接种至含有 500mg/L 苯酚的 MSM 培养基中，继续在 30℃，150r/min 条件下振荡培养 48h，测定此时各培养基中的苯酚浓度和氨氮浓度，结果如表 2-1 所示。测定结果表明，四种菌株都有较强的苯酚降解能力，其中菌株 T2 具有最佳的苯酚降解性能，在 48h 内可以完全降解 500mg/L 的苯酚。菌株 T1 的降解效果次之，48h 内可以降解超过 450mg/L 的苯酚。而另外两株菌 T3 和 T4 对苯酚的降解率分别仅为 77.27%和 84.65%。

表 2-1 分离菌株的苯酚降解性能与硝化性能

菌株编号	苯酚去除率	氨氮去除率
T1	92.45%	82.48%
T2	100%	98.85%
T3	77.27%	56.31%
T4	84.65%	64.75%

另外，同时测定了这些菌株的氨氮去除效果，发现这些菌株都对氨氮有一定的去除效果，其中氨氮降解能力最强的也是菌株 T2，能够在 48h 内去除 98.85%的氨氮（初始浓度为 50mg/L）。其次为菌株 T1，48h 内氨氮的去除率可以达到 82.48%。而其他两株菌对氨氮的降解率较低，分别只有 56.31% 和 64.75%。

为了进一步确定菌株 T2 脱氮除酚的能力，确定菌株能够将苯酚完全降解，没有转化成其他有机物残留；同时确定菌株的脱氮反应过程能够对含氮化合物有效地去除，对菌株同步脱氮除酚过程中的化学需氧量（COD）和总氮（TN）进行了测定，结果如图 2-1 所示。可以看出，在只有 500mg/L 的苯酚作为碳源和 50mg/L 的氨氮作为氮源的条件下，菌株 T2 进行同步脱氮除酚反应，COD 不断下降，到 36h 时减少了 87.05%，说明菌株能够有效地将苯酚完全降解成二氧化碳，且没有转化成其他有机物残留。另外，从总氮测定的结果可以看出，菌株 T2 在对氨氮进行降解的过程中，总氮含量是逐步减少的，在 36h 时总氮的去除效率达到 88.33%，说明菌株 T2 能够完成脱氮过程，有效地完成了硝化-反硝化过程。

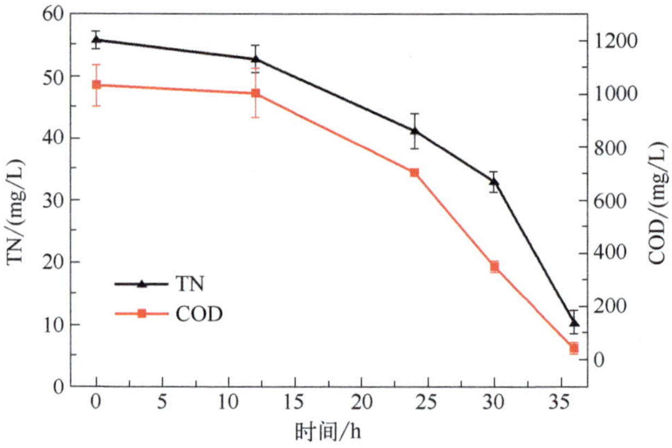

图 2-1　总氮（TN）和化学需氧量（COD）的测定

综合以上结果分析，发现菌株 T2 在四株筛选出的菌中具有最佳的苯酚降解能力与氨氮去除能力，因此，选择菌株 T2 进行后续同步脱氮除酚的研究。

2.2.2　菌株的鉴定

(1) 形态学鉴定

观察菌株在固体培养基上的形态特征，如颜色、形态、光滑程度、菌落边缘等，同时利用革兰氏染色-光学显微镜对菌株进行进一步的观察。菌株革兰氏染色采用革兰氏染色试剂盒，使用方法为：①将涂片在火焰上固定，滴加结晶紫染色液。染 1min，水洗。②滴加革兰氏碘液，反应 1min 后水洗。③滴加脱色酒精，洗脱约 30s。④水洗，滴加沙黄复染液，复染 1min 后水洗，待玻片干燥后，用显微镜镜检。

图 2-2（A）为菌株 T2 在 LB 平板上的菌落形态，可以看到，菌株 T2 的菌落呈圆形、表面光滑、颜色为淡黄色、表现为湿润和半透明状态。革兰氏染色结果如图 2-2（B）所示，菌株 T2 的革兰氏染色表现为红色，说明菌株为革兰氏阴性菌。

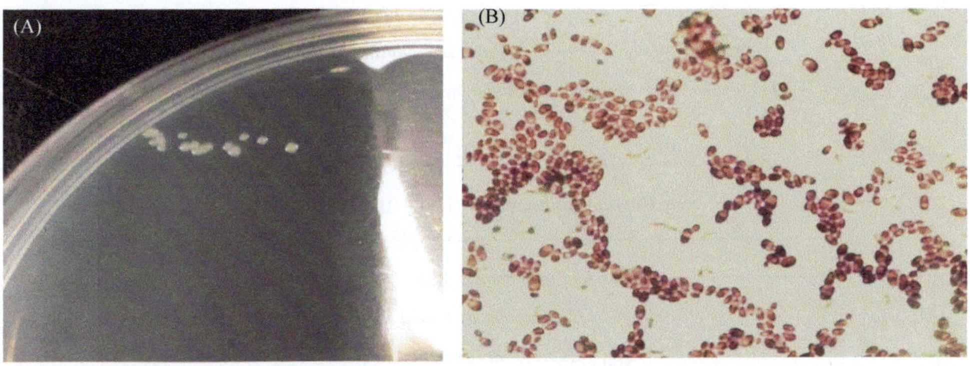

图 2-2　分离菌株 T2 在（A）LB 平板上的菌落形态和（B）革兰氏染色结果（10×40）

(2) 16S rDNA 鉴定

使用细菌基因组 DNA 提取试剂盒提取所挑选菌株的基因组，然后以提取的基因组为模板，采用细菌 16S rDNA 通用引物对 27F（5′-AGAGTTTGATCCTGGCTCAG-3′）/1492R（5′-TACCTTGTTAC GACTT-3′）进行 PCR 扩增。PCR 反应体系包括：模板 DNA 1μL、Premix Ex Taq 25μL、引物

27F（10μmol/L）和引物 1492R（10μmol/L）各 2μL，最后加 20μL 无菌水至 50μL。将反应体系放入 PCR 仪进行扩增。其 PCR 反应程序为：98℃预变性 10min；98℃变性 30 s，47℃退火 30s，72℃延伸 2min，30 个循环；最终在 72℃延伸 10min，16℃保持。PCR 扩增产物用 1%的琼脂糖凝胶电泳检测，并在凝胶成像仪中拍照观察。

将获取的 16S rDNA 序列送去基因测序，将测序的结果与 NCBI 上的 GenBank 数据库进行 BLAST 比对，从中选出高度同源序列再利用 MEGA 7.0 软件进行多重序列比对分析，并以 Neighbor-Joining 方法构建系统发育进化树。

对菌株 T2 的 16S rDNA 序列进行测序后，将序列与 NCBI 上的 GenBank 数据库进行 BLAST 比对，发现菌株 T2 属于贪铜菌属（*Cupriavidus*）并且与草酸盐贪铜菌 *Cupriavidus oxalaticus* NBRC 13593 的同源性最高，达到 99%以上。选出与菌株 T2 的 16S rDNA 序列相似性较高的部分序列，利用 MEGA 7.0 软件进行系统发育分析，结果如图 2-3 所示。从系统发育树的结果可以看

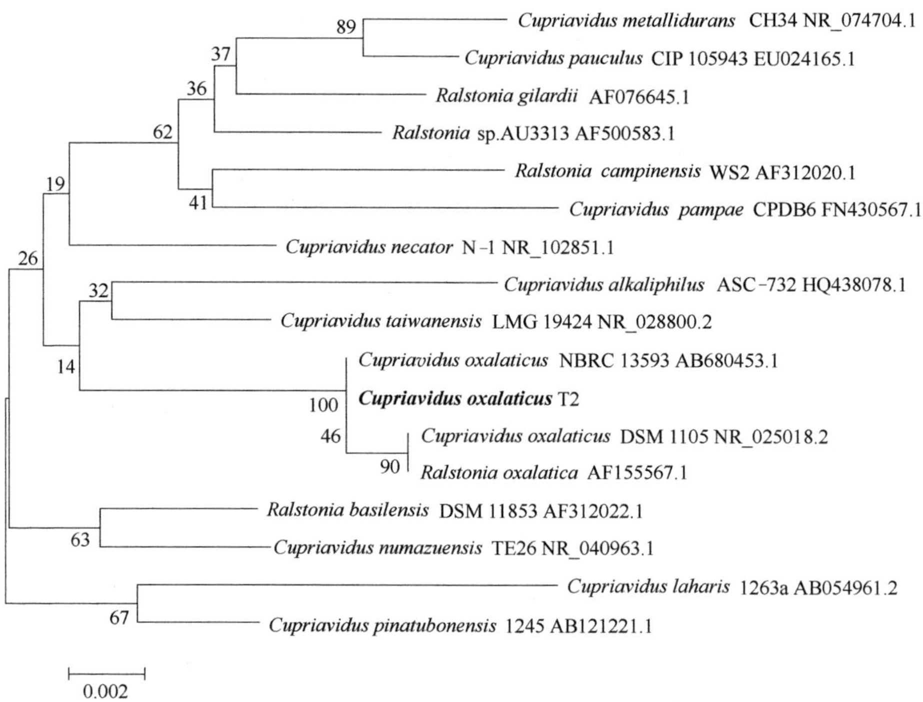

图 2-3 基于菌株 T2 16S rDNA 构建的系统发育树

出，菌株 T2 主要集中在草酸盐贪铜菌（*Cupriavidus oxalaticus*）内，因此菌株 T2 被鉴定为草酸盐贪铜菌（*Cupriavidus oxalaticus*），命名为 *Cupriavidus oxalaticus* T2。菌株 T2 的 16S rDNA 序列已提交至 NCBI，登录号为 MW725356。

2.3 环境因子对菌株脱氮性能的影响

2.3.1 碳源对菌株脱氮特性的影响

碳源是微生物生长所必需的营养素之一，能够为微生物生长提供能量和电子，菌株对不同碳源的代谢方式与利用情况都有很大的差异，这就导致不同碳源条件下微生物的生长与代谢速率的差别[5]。为了测定乙酸钠、葡萄糖、丁二酸钠、柠檬酸钠等碳源对草酸盐贪铜菌 T2 异养硝化和好氧反硝化作用的影响，首先活化菌株并利用生理盐水制备成菌悬液，再将菌悬液接种至添加了不同碳源的脱氮培养基中，所用培养基配方如下：

异养硝化培养基/(g/L)：硫酸铵 0.48，磷酸二氢钾 0.5，磷酸氢二钾 0.5，氯化钠 1.0，硫酸镁 0.1，氯化铁 0.03，pH 7.0。

好氧反硝化培养基/(g/L)：硝酸钾 0.72，磷酸二氢钾 0.5，磷酸氢二钾 0.5，氯化钠 1.0，硫酸镁 0.1，氯化铁 0.03，pH 7.0。

混合氮源培养基/(g/L)：硫酸铵 0.48，硝酸钾 0.72，磷酸二氢钾 0.5，磷酸氢二钾 0.5，氯化钠 1.0，硫酸镁 0.1，氯化铁 0.03，pH 7.0。

所选用的碳源添加量根据实验需求进行调整。详细操作流程如下：

将菌株 T2 接种至 50mL LB 培养基，于恒温振荡培养箱中 30℃，150r/min 条件下过夜培养。8000r/min，5min 收集菌体，用无菌生理盐水洗涤后，再利用 20mL 生理盐水重悬，制备成菌悬液。设定异养硝化培养基和好氧反硝化培养基中氮源浓度为 100mg/L，在培养基中分别添加葡萄糖、丁二酸钠、乙酸钠和柠檬酸钠作为唯一碳源来探究不同碳源对菌株脱氮性能的影响，其他条件设定为 C/N 比为 10，pH 为 7.0。将 1mL 制备的菌悬液（5%的接种量）添加至灭菌后的培养基中，30℃，150r/min 分别培养 9h 和 12h，然后测定相应氮源浓度和 OD_{600} 的情况，每个实验组均设置三个平行。氨氮的检测方法采用纳氏试剂分光光度法（HJ 535—2009），硝酸盐氮的检测方法为紫外分光光度法（HJ/T 346—2007），亚硝酸盐氮的检测方法采用分光光度法（GB 7493—1987）。

结果如图 2-4（A）所示，可以看出，菌株 T2 在不同碳源下硝化效率差异明显。其中，丁二酸钠作为碳源时，氨氮的去除效率最高并且菌株的生长状况最好，9h 时氨氮的去除效率达到 100%。而葡萄糖和乙酸钠作为碳源时，菌株的生长情况与氨氮的去除效率都非常接近，氨氮的去除效率分别只有 42.57±1.50%和 40.48±2.22%。柠檬酸钠作为碳源时氨氮的去除效率最低，为 14.67±1.67%，同时此条件下菌株生长量也是最低的。这表明丁二酸钠是最合适菌株 T2 进行硝化作用的碳源。

碳源对菌株 T2 好氧反硝化的影响如图 2-4（B）所示。同样地，丁二酸钠作为碳源时，菌株 T2 好氧反硝化的效率最高，12h 时硝酸盐氮的去除效率达到 94.11±2.75%。乙酸钠次之，硝酸盐氮的去除效率达到了 86.65±0.36%。而以葡萄糖和柠檬酸钠作为碳源时，好氧反硝化的效率最低，分别只有 9.31±1.28%和 0.08±0.04%的硝酸盐氮被去除。而菌株的生长情况也同样与硝酸盐氮的去除效率呈正相关，以丁二酸钠为碳源是生长最佳，以乙酸钠为碳源次之，以葡萄糖和柠檬酸钠为碳源则几乎无法生长。

另外，可以看出菌株在氨氮与硝态氮两种氮源条件下利用同种碳源的生长情况也有所差异。葡萄糖为碳源时，菌株以氨氮为氮源可以有较好的生长量，OD_{600} 可以达到 0.94±0.02；而以硝态氮为氮源则几乎无法生长，OD_{600} 仅为 0.21±0.03。当以乙酸钠为碳源时，菌株以氨氮为氮源则生长量更低，OD_{600} 为 0.88±0.06；而以硝态氮为氮源生长则表现出更高的生长量，OD_{600} 达到 1.38±0.13。这可能是因为相比葡萄糖，乙酸钠作为有机酸可以更好被菌株吸收为反硝化作用提供电子，这与文献报道的结论相一致[6]。

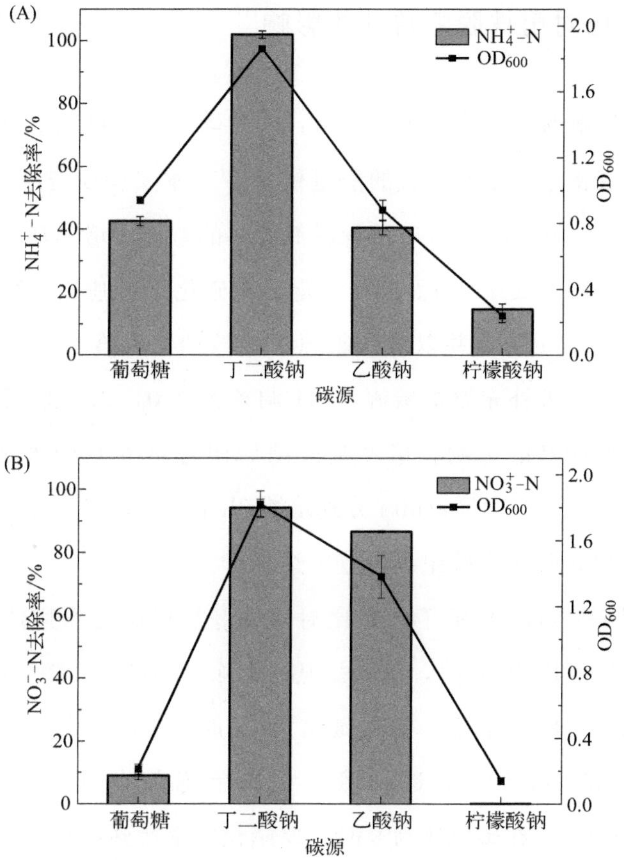

图 2-4　碳源对菌株 T2 异养硝化（A）和好氧反硝化（B）的影响

以上结果都表明，丁二酸钠作为碳源更有利于菌株 T2 去除氨氮与硝态氮。研究表明，像醋酸、柠檬酸和丁二酸这类有机酸作为碳源能有效提升微生物的脱氮效率[7]。但是菌株 T2 显然无法利用柠檬酸作为碳源来完成脱氮反应，这与一些报道过的部分菌株存在差异，如假单胞菌 LX（*Pseudomonas aeruginosa* LX），该菌株 LX 能够利用醋酸、柠檬酸和丁二酸这些有机酸作为碳源都能产生较高的脱氮效率。许多关于微生物脱氮的研究中，丁二酸经常作为碳源使用，可能是因为它在 TCA 循环中发挥着重要的作用有利于菌株的生长代谢[6]。

2.3.2 碳氮比对菌株脱氮特性的影响

碳氮比是影响脱氮效率的关键因素，因为碳源不足可能会对电子流产生抑制，而电子流紧密参与细胞生长的能量供应[8]。本实验研究了氮源浓度不变，碳氮分别比为4、10、14、20时菌株脱氮效率的差异。培养基的配置方法与菌悬液的制备过程同上文2.3.1。同样设定异养硝化培养基和好氧反硝化培养基中氮源浓度为100mg/L，并以最适碳源丁二酸钠作为唯一碳源，按照碳氮比为20、14、10、4来补充添加碳源，pH调整为7.0，以此来探究不同碳氮比对菌株T2脱氮效果的影响。培养基灭菌后向各培养基中添加1mL菌悬液（5%的接种量），30℃，150r/min分别培养9h和12h，然后测定相应氮源浓度和OD_{600}的情况，每个实验组均设置三个平行。

另外，图2-5（B）显示了碳氮比对菌株好氧反硝化作用的影响。与硝化作用相似，当碳氮比为10时，硝酸盐氮的去除效率最高。随着碳氮比的升高，硝酸盐的去除效率明显下降，在碳氮比为14时为$84.69\pm1.46\%$，碳氮比为20时仅为$42.87\pm2.29\%$。这种情况在假单胞菌中也有出现，假单胞菌 *P. putida* AD-21[9] 在碳氮比为8时，反硝化效率达到最高的，而当碳氮比增加至10后，该菌株的反硝化效率反而有所下降。而另一株假单胞菌 *P. brassicacearum* LZ-4[7] 的硝酸盐去除效率在碳氮比超过10之后表现出下降趋势，并且随着碳氮比的增加硝酸盐的去除率降低。而在碳源不足碳氮比为4的条件下，硝酸盐氮的去除效率只有$33.84\pm3.58\%$。另一方面，菌株的生长状况显示碳氮比为10和14的条件下，菌株的生长量非常接近。而碳氮比为20时测得菌液的OD_{600}有1.55 ± 0.09，碳氮比为4时则只有0.85 ± 0.04。可以看出，过低的碳源不但会抑制菌株的反硝化效率，还会对菌株生长产生影响。而过量的碳源也会造成菌株硝酸盐氮的去除效率降低，但是对菌株生长的影响并不明显。综上所述，碳氮比为10时，菌株对氨氮以及硝酸盐氮的去除效率最高。

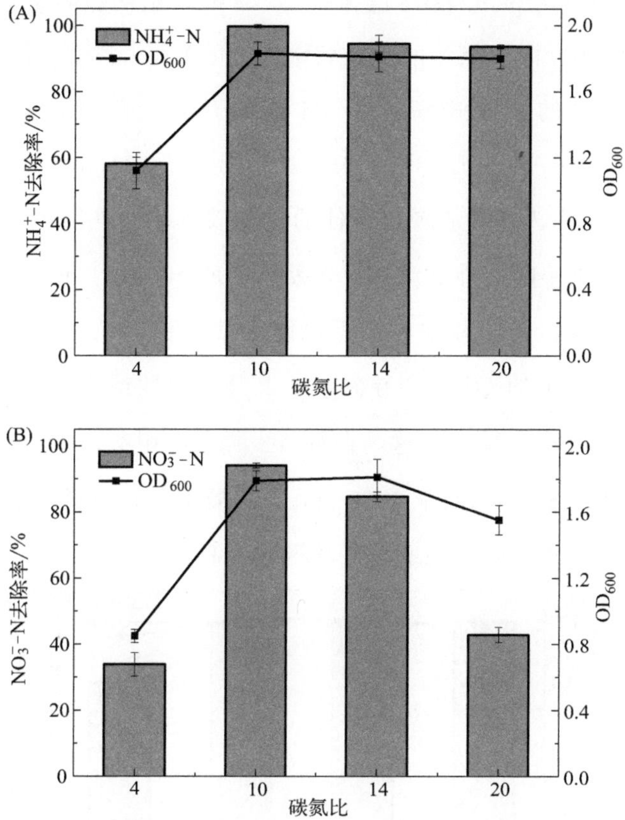

图 2-5　碳氮比对菌株 T2 异养硝化（A）和好氧反硝化（B）的影响

2.3.3　初始 pH 对菌株脱氮特性的影响

环境中 pH 会对脱氮微生物的生长、代谢及酶活产生重要的影响[10]。本实验探究了不同初始 pH 条件对菌株 T2 脱氮效率的影响。菌悬液的制备过程同上文 2.3.1。同样设定异养硝化培养基和好氧反硝化培养基中氮源浓度为 100mg/L，按照 10 的碳氮比添加丁二酸钠作为碳源，将初始 pH 调整为 5、6、7、8、9 来探究 pH 对菌株 T2 脱氮效果的影响。灭菌后向各培养基中添加 1mL 菌悬液（5%的接种量），30℃，150r/min 分别培养 9h 和 12h，然后测定相应氮源浓度和 OD_{600} 的情况，每个实验组均设置三个平行。

如图 2-6（A）可知，当 pH 值为 6、7、8 时，菌株能够完全去除溶液中的氨氮。而当 pH 为 9 时，氨氮的去除效率为 80.53±0.25%。图 2-6（B）显示菌株 T2 硝酸盐氮的去除效率随着 pH 值的升高而降低，去除效率分别为 98.04±1.31%、94.50±1.49%、73.73±0.87%、71.31±1.43%。可以看出，菌株 T2 在 pH 为 6 时表现出最佳的脱氮效率。另外发现菌株的生长情况（OD_{600}）在不同的 pH 条件下没有显著差异（$P>0.05$）。这表明菌株 T2 对环境的适应能力较强，在偏碱性环境下也能正常生长以及完成脱氮。有研究表明，反硝化作用产生的 OH^- 会导致 pH 上升，中性或偏酸性的环境（pH=6～7）更适合微生物脱氮[8]，这与菌株 T2 的表现相符。Guo[11] 等人研究表明当 pH 条件高于 8.75 或低于 6.25 时，微生物对氮的去除率会急剧下降，说明生物脱氮会受到强酸性或强或碱性环境的抑制，这也与菌株 T2 基本一致。

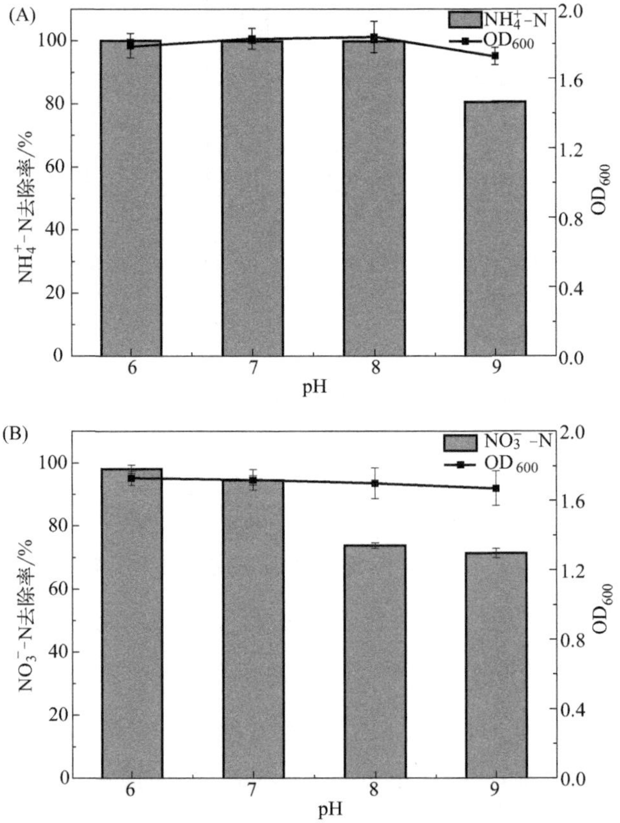

图 2-6　初始 pH 对菌株 T2 异养硝化（A）和好氧反硝化（B）的影响

2.3.4 培养转速对菌株脱氮特性的影响

溶氧是影响微生物脱氮效率的重要因素，一般通过改变振荡速度来研究溶氧对微生物脱氮的影响，因为振荡速度与溶氧正相关[12]。本研究设置了 0、50r/min、100r/min 和 150r/min 四种转速来探究不同溶氧条件对微生物脱氮效率的影响。菌悬液的制备过程同上文 2.3.1。同样设定异养硝化培养基和好氧反硝化培养基中氮源浓度为 100mg/L，丁二酸钠作为碳源，碳氮比设定为 10，将 pH 调整为 7。培养基灭菌后接种 1mL 菌悬液（5%的接种量），以 0、50r/min、100r/min、150r/min 的转速条件在 30℃下分别培养 9h 和 12h 来探究不同培养转速对菌株脱氮性能的影响。测定相应氮源浓度和 OD_{600} 的情况，每个实验组均设置三个平行。

结果如图 2-7（A）所示，溶氧在微生物硝化作用中发挥了重要作用，在 0 条件下，氨氮的去除效率只有 13.63±0.11%。随着转速的提升，氨氮的去除效率也随之增加，在 50r/min 时为 27.03±0.59%，100r/min 时为 83.26±1.5%，150r/min 时达到最高的 99.83±1.32%。同样地，菌株的生长量也与转速相关，在溶氧极低的 0 条件下，菌株几乎没有明显生长，OD_{600} 仅为 0.21±0.02。可以看出，菌株 T2 为好氧菌，当以氨氮作为氮源完成硝化作用时，需要提供足够的溶氧。

而转速对菌株 T2 好氧反硝化的影响与异养硝化作用不同，如图 2-7（B）所示。可以看出，在不同的转速条件下，硝酸盐氮的去除效率都到达了 90% 以上，其中在 100r/min 时最低为 90.97±2.94%。在 0、50r/min 和 150r/min 下的反硝化效率没有显著的差异（$P>0.05$）。而菌株的生长情况则与异养硝化作用结果相似，随着转速的提升菌株的生长量越来越大，OD_{600} 从 0 的 0.43±0.01 增加到 150r/min 的 1.79±0.01。从结果可以看出，低溶氧不会抑制菌株 T2 去除硝酸盐氮的效率，这与文献中报道的相一致，Rout 等[13] 研究表明具有好氧反硝化能力的菌株在低溶解氧条件下，如 0 和 50r/min 的转速下，能够具备很好的反硝化性能。另一方面，菌株 T2 在 100r/min 表现出最

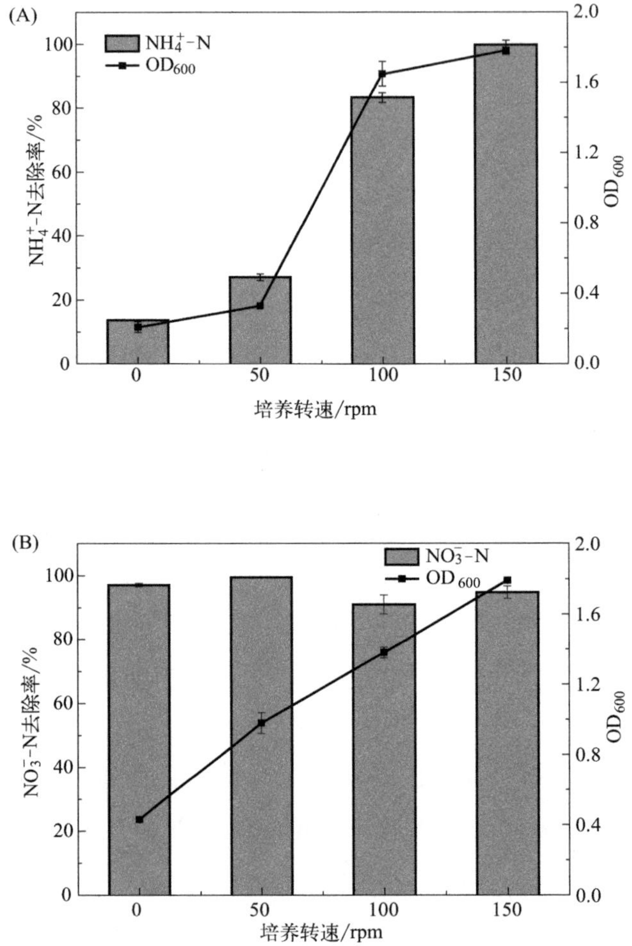

图 2-7　转速对菌株 T2 异养硝化（A）和好氧反硝化（B）的影响

低的硝酸盐氮去除效率，其脱氮效率与溶氧没有表现出线性关系，可能是因为100r/min 条件下的溶氧处于菌株的阈值范围。有研究提出过阈值理论，认为在好氧反硝化过程中，一定范围内的溶氧不会影响菌株反硝化的效率，而当溶氧浓度超出此范围内，反硝化酶的活性会增强[14]。

从上述结果可知，150r/min 为菌株 T2 脱氮的最适条件，在此条件下菌株不仅脱氮效率高，而且生长量最大，更有利于微生物其他生物过程的进行。

2.4 环境因子对菌株苯酚降解性能的影响

2.4.1 苯酚浓度对菌株降解效率的影响

苯酚对微生物有很强的毒性，对于能够利用苯酚的微生物来说，苯酚不仅是作为碳源为菌株生长提供能量，同时苯酚的毒性也会对菌株生长产生抑制，不同的苯酚浓度势必会影响菌株的降解效率。在此研究中，为了测得菌株 T2 降解苯酚的能力，并探究苯酚的浓度对其降解效率的影响，将菌株 T2 分别接种至 250mg/L、500mg/L、800mg/L 和 1000mg/L 初始浓度的苯酚中进行降解实验，测得降解过程中苯酚浓度的变化并绘制降解曲线。具体实验流程如下：将过夜培养的菌株 T2 以 5%的接种量接种至以苯酚为唯一碳源的 MSM 培养基中，初始 pH 设置为 7.0，MSM 培养基中的苯酚浓度则通过添加不同体积的 10.0 g/L 苯酚溶液进行调整，使得终浓度为 250mg/L、500mg/L、800mg/L 和 1000mg/L，在 30℃，150r/min 条件下培养，以此来探究不同浓度的苯酚对菌株降解效率的影响。定期取样测定剩余的苯酚浓度，每个实验组均设置三个平行。

从图 2-8 中可以看出，随着苯酚浓度的提升，菌株 T2 降解苯酚的速率明

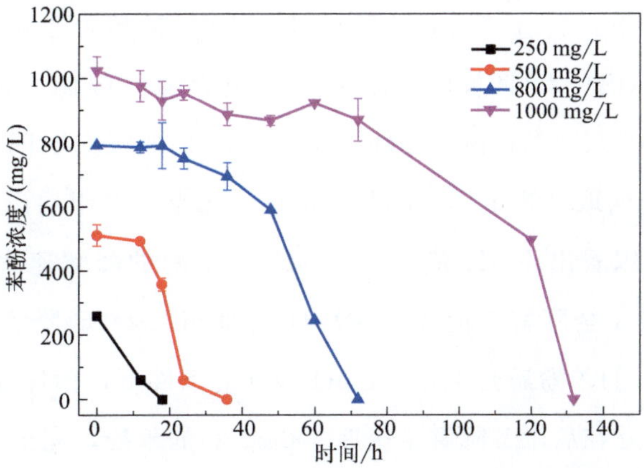

图 2-8 菌株 T2 对不同初始浓度苯酚的降解情况

显下降，在18h内能完全降解250mg/L苯酚，36h内能降解500mg/L，完全降解800mg/L苯酚需要72h，而降解完1000mg/L的苯酚则需要132h。随着苯酚浓度的提升，对菌株毒害作用增强，使得对菌株生长的抑制作用越强，菌株的延滞期时间不断增加。可以看出，在250mg/L浓度下，几乎没有观察到延滞期，而浓度提升至500mg/L与800mg/L可以看到延滞期分别为12h和24h，当浓度达到1000mg/L时延滞期长达60h。从结果可以看出，菌株T2具有较强的苯酚降解能力，能够完全降解1000mg/L浓度内的苯酚，对中低浓度的苯酚具有较高的降解效率，而对高浓度的苯酚降解效率明显下降。中低浓度含酚废水的处理通常采用生物法[15]，而菌株T2的降酚能力表明其对含酚废水的处理有一定的应用价值。

2.4.2 初始pH对菌株T2苯酚降解性能的影响

微生物对污染物的降解需要在酶的作用下完成，而环境中合适的pH范围能保障酶的催化活性。废水中的pH值会对微生物的生长代谢产生非常大的影响，而且细胞表面电荷也与环境中的pH值相关，这会影响微生物对环境中有机物污染物的吸收[16]。同时，pH值的变化还可能会影响到生物降解过程中产生的中间产物的毒性，导致降解效率受到影响。因此，本研究设定不同的初始pH条件探究其对菌株T2苯酚降解的影响，同时确定菌株降解的最适pH值。具体步骤如下：将过夜培养的菌株T2以5%的接种量接种至初始pH为6、7、8、9的MSM培养基中，添加苯酚做为唯一碳源，苯酚浓度调整至500mg/L，在30℃，150r/min条件下培养，以此来探究不同pH对菌株降解效率的影响。定期取样测定剩余的苯酚浓度，每个实验组均设置三个平行。

从图2-9可以看出在pH值为7和8时，苯酚的降解速率没有明显差异，在24h内可以被完全降解。而在偏酸性环境即pH为6时降解效率最低，完全降解完500mg/L的苯酚需要48h。在pH为9的条件下，菌株T2在前24h的降解效率最低，但是在后12h降解了接近400mg/L的苯酚，完全降解500mg/L的苯酚需要36h。从结果可以看出，菌株T2在中性和碱性环境下具有较强的苯酚降解性能，而酸性环境会抑制其苯酚降解能力，在红球菌[17] 与产碱杆菌[18] 中也表现出类似的特征。有文献指出苯酚对微生物的毒性作用会随 pH 值的增大而减小，因为苯酚的水溶液中呈酸性，而碱性环境能够中和部分苯酚的毒性有利于促进微生物的生长代谢[17]。因此，菌株 T2 降解苯酚最适的 pH 条件为中性或弱碱性，过高与过低的 pH 会抑制降解效率。

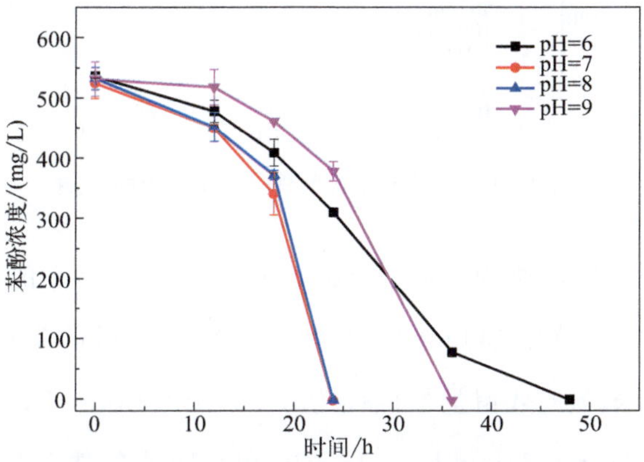

图 2-9　不同初始 pH 对菌株 T2 降解苯酚影响

2.4.3　转速对菌株 T2 苯酚降解性能的影响

微生物好氧代谢过程会受到环境中溶解氧浓度的限制，已经证实菌株 T2 降解苯酚是提供好氧途径，因此研究不同溶氧条件下菌株 T2 降解苯酚的性能是必要的。由于溶解氧的浓度可以通过调整摇床转速进行控制，所以本实验探究了 0、50r/min、100r/min 和 150r/min 四种转速条件下菌株 T2 降解苯酚性能的差异。实验条件设置与之前相同，将过夜培养的菌株 T2 以 5%的接种量接种至以苯酚为唯一碳源的 MSM 培养基中，pH 为 7，苯酚浓度为 500mg/L，温度为 30℃，调整摇床转速为 0、50r/min、100r/min、150r/min，以此来探究不同转速对菌株降解效率的影响。定期取样测定剩余的苯酚浓度，每个实验组均设置三个平行。

结果如图 2-10 所示，在 150r/min 的范围内，菌株 T2 对苯酚的降解性能

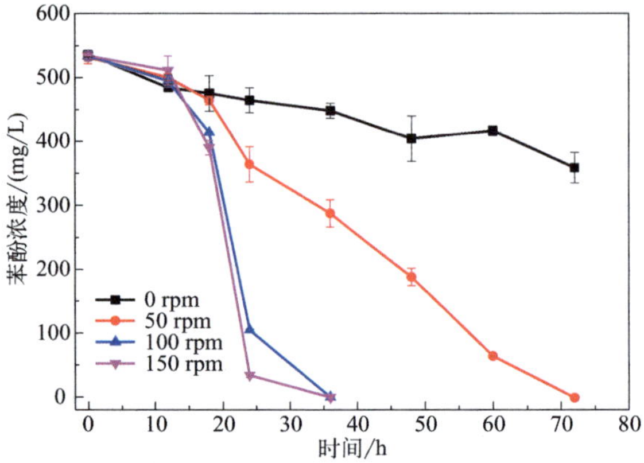

图 2-10　不同转速对菌株 T2 降解苯酚影响

与转速为正相关。当转速为 100～150r/min 时，菌株 T2 的苯酚降解性能最强，36h 内可以完全降解 500mg/L 苯酚。比较 24h 后的降解效率可以看出，150r/min 条件下苯酚的残留量最低仅为 33.35±3.13mg/L，其次为 100r/min 时残留量为 103.70±1.74mg/L，50r/min 和 0 转速条件下苯酚残余量分别为 363.44 ±27.48mg/L 和 464.53 ±19.47mg/L。在 50r/min 条件下，菌株 T2 完全降解 500mg/L 苯酚需要 72h；而在 0 溶解氧极低的条件下，72h 时只有不足 200mg/L 的苯酚被降解，可以看出降低的溶解氧会极大地限制菌株 T2 的苯酚降解效率。Zhou 等[19] 研究假单胞菌 JF22 降解苯酚的特性时发现菌株在 150～200r/min 条件下降解效果最好，60h 能够完全降解 600mg/L 的苯酚，这与本研究的结果相似；而在 50r/min 和 100r/min 条件下 60h 对 600mg/L 的苯酚降解效率只有 55.42%和 73.67%，相比之下本研究的菌株 T2 在较低溶氧条件的苯酚降解能力要远高于此报道中的菌株。

2.5　菌株同步脱氮除酚的特性

先前实验已经证实菌株 T2 有能力降解苯酚和脱氮，为了进一步探究菌株 T2 的同步脱氮除酚性能，同时了解其在不同氮源下同步脱氮除酚的特性，分别将菌株接种至苯酚作为唯一碳源，另外分别添加氨氮、硝酸盐氮以及氨氮-硝酸盐氮混合作为氮源的MSM培养基中，构成不同的脱氮除酚体系，其中各体系中苯酚的初始浓度为500mg/L，各项氮源的添加浓度均为100mg/L。同样首先需要制备菌株T2菌悬液，再接种1mL菌悬液（5%的接种量）至以500mg/L苯酚为唯一碳源的异养硝化培养基、好氧反硝化培养基和混合氮源培养基中，30℃，150r/min培养30h，以此来探究不同氮源条件下，菌株T2同步脱氮除酚过程中对不同氮源的利用情况以及不同氮源对降解效率的影响。每隔6h取样测定氨氮、硝酸盐氮、亚硝酸盐氮和苯酚的浓度变化。

菌株以氨氮为氮源进行同步脱氮除酚反应的结果如图2-11（A）所示，菌株T2具有较强的脱氮除酚能力，在30h可以完全降解500mg/L的苯酚同时氨氮去除率达到了（52.84±5.98)%。从降解过程来看，在前6h菌株处于延滞期，此时苯酚的浓度没有明显变化，而氨氮浓度下降明显，去除效率达到(27.17±1.21)%。同时在6h时检测到了大量的硝酸盐氮积累，浓度达到(8.03±1.13）mg/L，造成这种情况可能是因为处于延滞期的菌株生长缓慢，需要适应苯酚毒性，导致细胞的氮代谢能力下降积累了脱氮中间产物。可以看出，整个脱氮除酚过程都没有检测到亚硝酸盐的积累，而只有在延滞期检测到了一定数量的硝酸盐，这表明菌株T2在同步脱氮除酚过程中很可能是直接将氨氮转化成硝酸盐来完成异养硝化-好氧反硝化过程。

由图2-11（B）可知菌株T2以硝酸盐为氮源进行同步脱氮除酚的结果。菌株T2完全降解500mg/L苯酚需要36h，此时硝酸盐氮的去除率（45.45±0.61)%，脱氮除酚速率明显比氨氮作为氮源时低。另一方面，亚硝态氮在前24h不断增加浓度达到了（18.18±0.84）mg/L，随后12h逐渐降低最终积累浓度为（4.14±0.42）mg/L，亚硝酸盐氮的变化过程与假单胞菌HJ3在同时降解苯酚和硝酸盐的过程相似[20]。而且整个脱氮除酚过程中也发现了氨氮的积累，到36h反应结束时检测到氨氮浓度为（4.48±1.97）mg/L。从结果可以看出，总氮是不断减少的，证明了菌株T2脱氮除酚过程中好氧反硝化的发生。同时，在同步脱氮除酚过程结束时检测到一定浓度的氨氮，表明菌株T2可能是将部分硝态氮或细胞裂解释放的有机氮转化为氨氮[21]。菌株T2的基

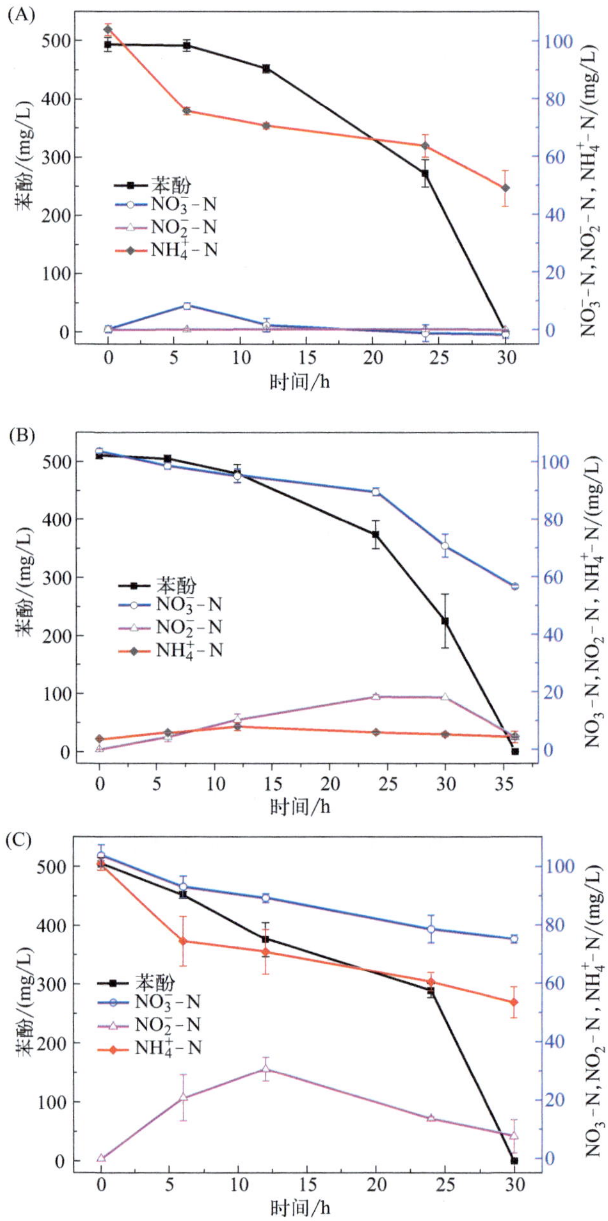

图 2-11　菌株 T2 同步脱氮除酚特性，(A) 以氨氮作为氮源；(B) 以硝酸盐氮作为氮源；(C) 以氨氮-硝酸盐氮共同作为氮源。

因组分析结果显示菌株中存在与异化型硝酸盐还原成铵（dissimilatory nitrate reduction to ammonium，DNRA）相关的亚硝酸盐还原酶基因 *nir*B，证实了菌株 T2 有能力将硝酸盐还原为氨。DNRA 一般认为是微生物在厌氧条件下的氮保存机制[22]，但是目前也有一些报道发现细菌在好氧条件下也能进行 DNRA 反应[23]，这与菌株 T2 的表现一致。

当氮源同时存在氨氮和硝酸盐氮时，菌株脱氮除酚的表现如图 2-11（C）所示。从图中可以看出，菌株在 30h 内可以完全降解苯酚，同时氨氮和硝态氮的去除效率分别为（46.88±5.25）%和（27.47±1.33）%。与单一氮源条件相比，在混合氮源反应前 6h，菌株没有出现明显的延滞期，此时苯酚降解效率为（10.43±1.17）%，氨氮的去除效率为（26.27±8.43）%，而硝态氮的去除效率则只有（10.31±3.58）%；另外还检测到了浓度为（20.79±7.87）mg/L 的亚硝酸盐产生，这远高于单一氮源条件下的量。从结果可以看出，混合氮源存在增强了菌株异养硝化效果，同时菌株 T2 对不同氮源的利用顺序为氨氮优于硝态氮。此外，从图中可以看出，在混合氮源的条件下，脱氮除酚过程中亚硝酸盐的形成量明显增多，在 30h 亚硝酸盐的积累量为（7.70±5.66）mg/L。作为异养硝化-好氧反硝化的重要中间产物，亚硝酸盐会在氨氮与硝态氮的降解的过程中产生，而前期大量的氨氮与硝态氮降解，并且菌株受到苯酚毒性的影响代谢速率下降，导致了反应过程中亚硝态氮的积累。

2.6　其他分离鉴定出的脱氮除酚细菌

近年来，同步脱氮除酚菌逐渐受到研究人员的关注，越来越多的同步脱氮除酚微生物被筛选、分离，许多菌株表现出了良好的污染物降解效率。

（1）吉鲁氏不动杆菌 BY18（*Acinetobacter guillouiae* BY18）

Yang 等[24] 人从草甸土壤中分离出一株以苯酚为碳源的异养硝化-好氧反硝化（HN-AD）菌株，通过 16S rRNA 序列比对，将其鉴定吉鲁氏不动杆菌 BY18（*Acinetobacter guillouiae* BY18）。采用单因素实验和响应面分析法来优化环境因素，包括温度、溶解氧（DO）、pH 值、碳/氮比和接种量，发现吉鲁氏不动杆菌 BY18 降解污染物的最适温度为 25℃，此条件下菌株 BY18 去除铵、总氮和酚的效率最高，去除率分别为 97.02%、90.71% 和 87.68%。最适 pH 值范围为 7.20～8.20，在此范围内，菌株 BY18 对铵、总氮和酚的去除率分别为 95.65%～96.46%、87.83%～87.94% 和 86.59%～88.30%。最适 C/N 比为 10，此条件下菌株 BY18 对苯酚的去除率高达 94.39%。最适转速为 150 r/min，此条件下菌株 BY18 可以在 21h 内去除 97.31%的铵，88.42%的总氮和 86.97%的苯酚。最适接种量为 0.2×108 CFU，在此接种量下，菌株 BY18 对铵、总氮和酚的去除率分别为 99.68%、88.76%和 99.63%均高于其他接种水平。

同时通过监测以苯酚为碳源的 HN-AD 和同时硝化和反硝化（SND）过程，评估了菌株 BY18 在降解苯酚的同时去除氮的能力。结果表明，当苯酚和铵同时存在时，菌株 BY18 可在 18h 内去除 982.86mg/L 的酚和 64.76mg/L 的铵；当铵被硝酸盐或亚硝酸盐取代时，菌株 BY18 可在 36h 内分别去除 979.71mg/L、55.84mg/L 和 49.20mg/L 的酚、亚硝酸盐和硝酸盐。在同时硝化和反硝化反应体系中，苯酚和铵的最大去除率分别为 92.53mg/(L·h) 和 5.7mg/(L·h)。总体而言，菌株 BY18 在不同的无机氮条件下都具有显著的苯酚去除能力。

总体而言，当使用苯酚作为碳源时，菌株 BY18 对单一和混合无机氮都表现出了显著的去除能力。吉鲁氏不动杆菌 BY18 可用于处理含氮难降解有机废水，是废水中无机氮和苯酚的生物处理的重要菌种资源，该菌株的分离及降解特性研究对水环境的生态修复具有重要意义。

(2) 水杆状菌 CZ3（*Aquabacterium* sp. CZ3）

Zhang[25] 等人从吉林省延吉市的饮用水水库底部污泥中分离出一株可以同时去除硝酸盐、苯酚、氟化物和钙的兼性厌氧菌 CZ3，通过 16S rRNA 序列比对分析，该菌株鉴定为水状杆菌属。水状杆菌 CZ3 可以在厌氧条件下同时进行苯酚降解与反硝化作用，研究人员利用改良贡培兹模型进行动力学分析，确定了菌株 CZ3 反硝化和降解苯酚的最佳条件。当碳源为葡萄糖时，菌株 CZ3 在反硝化过程中能够完全去除 NO_3^--N，去除率达到 81.75%。其中，葡萄糖的 Rm（最大转化率）为 0.85mg L/h，CZ3 去除多种污染物的最佳碳源是葡萄糖。最适 C/N 比为 3，在此条件下，Rm 达到最大值 0.72mg L/h，并且随着 C/N 升至 3.0 以上，苯酚在与葡萄糖的碳源竞争中处于劣势，不利于菌株 CZ3 去除苯酚。菌株脱氮除酚的最适初始 pH 值为 7.0～8.0，在 pH 值为 7.0 和 8.0 时，24 小时内 NO_3^--N 的去除率分别为 94.90%和 95.70%，中性和碱性环境更有利于菌株 CZ3 降解苯酚。

此外，水杆菌 CZ3 还能够在厌氧条件下进行基于反硝化的微生物诱导钙沉淀（microbially induced calcium precipitation，MICP），同时去除氟和苯酚，菌株 CZ3 对硝酸盐、氟化物、钙和苯酚的去除率分别为 100.00%、87.50%、66.24% 和 100.00%，表现出显著的去除能力。菌株 CZ3 利用苯酚共代谢实现了基于反硝化的 MICP，这是一种独特的 MICP 驱动型应用。这些结果验证了在 MICP 过程中去除苯酚的可能性，证实了其在处理复杂的水污染问题方面的潜在价值。

（3）多噬伯克霍尔德氏菌 PHL5（*Burkholderia multivorans* PHL5）

Huang[26] 等人从江西省南昌市的象湖污水处理厂二沉池采集的活性污泥中分离筛选出一株能够在缺氧和好氧条件下同时去除苯酚和硝酸盐的菌株 PHL5，通过 16S rRNA 序列比对，菌株 PHL5 鉴定为多噬伯克霍尔德氏菌 *Burkholderia multivorans*。该菌株降解苯酚需要一定量的硝酸盐供应，硝酸盐去除曲线与苯酚降解曲线的趋势相似，随着苯酚含量的增加，硝酸盐的去除效率提高。在菌株 PHL5 的介导下，硝酸盐促进了苯酚的降解程度，苯酚降解与硝酸盐去除之间存在很强的相关性。菌株 PHL5 的苯酚降解是一个依赖于氮的过程，降解效率与硝酸盐含量相关，硝酸盐会加剧苯酚的降解，而不是只作为电子受体和氮源。

研究人员通过单因素实验确定了菌株 PHL5 降解苯酚与硝酸盐的最适温度以及初始 pH 条件，结果表明，40℃为菌株 PHL5 的最适降解温度，此条件下苯酚降解效率最高，达到 86.99%。对菌株 PHL5 来说，最适的初始 pH 值为 5，此条件下菌株获得最高的苯酚降解效率。同时通过响应面法测定出菌株 PHL5 的最佳降解条件是 pH 值为 5.67，温度为 39.63℃，硝酸盐浓度为 103.13mg/L。

菌株 PHL5 进行同步脱氮除酚过程中，苯酚与硝酸盐氮能够在 48h 之内完全去除，展现出了良好的降解能力。同时发现苯酚降解过程中会有少量中间碳代谢产物残留，而硝酸盐的降解未产生氨氮以及亚硝态氮等中间氮代谢产物。

（4）红城红球菌（*Rhodococcus erythropolis*）

Bai[27] 等人利用生物工程技术，对分离自垃圾渗透液的红城红球菌进行改造，构建了表达氨单氧酶（AMO）和苯胺双加氧酶（AND）的红球菌 Rhe-AA，以提高菌株对氨氮和苯胺类化合物的降解效率。通过工程菌株 Rhe-AA 与膜-生物反应器（MBR）相结合，实现异养硝化-好氧反硝化。相比野生菌株，工程菌 Rhe-AA 对污染物的降解效率具有显著提升，对 NH_4^+-N、NO_2^--N、NO_3^--N 和 TN 的去除效率都在 95%以上，几乎完全去除。同时，Rhe-AA-MBR 对 COD 和 BOD 的去除率分别为 96.02%和 98.47%。

在脱氮的同时，Rhe-AA 对于苯胺、苯酚以及氯酚等污染物都展现出了高效的降解能力。Rhe-AA 在 72h 苯酚以及氯酚的去除效率分别为 78.77%和 80.51%。并且在与 MBR 反应器的长期运行中，可以持续保持苯胺类化合物的 88.96%的去除率。工程菌株 Rhe-AA 具有脱氮除酚的能力，是处理垃圾渗滤液可靠的菌种资源。

2.7 本章小结

（1）从活性污泥中筛选出一株能够同时降解苯酚和脱氮的菌株 T2，经过形态学观察，16S rDNA 序列分析以及 ANI 分析，鉴定该菌株属于草酸盐贪铜菌 *Cupriavidus oxalaticus*。

（2）环境因子对草酸盐贪铜菌 T2 异养硝化-好氧反硝化的性能有显著影响。当碳源为丁二酸钠、碳氮比为 10、pH 为 6 时菌株 T2 具有最佳的脱氮效率。此外，不同转速条件下造成的溶解氧差异对硝化作用和反硝化作用的影响不同。转速越高，氨氮的去除效率越高，硝化作用的最佳转速为 150r/min；

转速差异对菌株反硝化作用影响不大，但是会影响菌株的生长。在不同的转速条件下，菌株反硝化的效率都达到 90％以上，而菌株的生长量是与转速成正相关的，在 150r/min 菌株生长量最大。

（3）菌株 T2 能够完全降解 1000mg/L 浓度的苯酚，苯酚对细菌的毒性随着浓度的提升而增强，苯酚浓度越高菌株的延滞期越长。环境因子也会对菌株降解苯酚产生影响，在初始 pH 为 7～8，转速 150r/min 条件下，菌株 T2 降解苯酚的效率最高。

（4）当菌株 T2 以氨氮（NH_4^+-N）为氮源进行同步脱氮除酚，在 30h 对苯酚和氨氮（NH_4^+-N）的降解率分别为 100％和 52.84％。另外，在此过程没有检测到亚硝酸盐的积累，并在延滞期检测到了一定数量的硝酸盐，这表明菌株 T2 在以氨氮作为氮源完成同步脱氮除酚的过程可能直接将氨（NH_4^+）转化成硝酸盐（NO_3^-）来完成异养硝化-好氧反硝化过程。

（5）当菌株 T2 以硝酸盐氮（NO_3^--N）为氮源进行同步脱氮除酚，36h 能够完成苯酚的降解同时去除 45.45％的硝酸盐氮（NO_3^--N），同时能够检测到亚硝态氮和氨氮的积累，推测菌株 T2 在此过程中存在异化型硝酸盐还原成铵（DNRA）反应。

（6）当菌株 T2 以氨氮（NH_4^+-N）和硝酸盐氮（NO_3^--N）作为混合氮源进行同步脱氮除酚，30h 内可以完全降解苯酚，同时氨氮和硝态氮的去除效率分别为 46.88％和 27.47％。在混合氮源体系中，菌株 T2 对氨氮的利用优先于硝态氮，同时此过程中会大量产生亚硝酸盐。

（7）随着对微生物脱氮除酚的深入研究，越来越多的同步脱氮除酚菌例如不动杆菌、水杆状菌、伯克霍尔德氏菌以及红球菌等被筛选出来，这些菌株都表现出了良好的污染物降解效率，极大地丰富了菌种资源。

参 考 文 献

［1］ Deng L J，Ren Y，Wei C H，et al. Biodegradation of pyrene by a novel strain of *Castellaniella* sp. under denitrifying condition［J］. Journal of Environmental Chemical

Engineering, 2021, 9 (1): 104970.

[2] Silva L C F, Lima H S, Sartoratto A, et al. Effect of salinity in heterotrophic nitrification/aerobic denitrification performed by acclimated microbiota from oil-produced water biological treatment system [J]. International Biodeterioration & Biodegradation, 2018, 130: 1-7.

[3] Lauchnor E G, Semprini L. Inhibition of phenol on the rates of ammonia oxidation by *Nitrosomonas europaea* grown under batch, continuous fed, and biofilm conditions [J]. Water Res, 2013, 47 (13): 4692-4700.

[4] Zhang X, Yan J W, Luo X T, et al. Simultaneous ammonia and Cr (VI) removal by *Pseudomonas aeruginosa* LX in wastewater [J]. Biochemical Engineering Journal, 2020, 157: 107551.

[5] Cheng H Y, Xu A A, Kumar Awasthi M, et al. Aerobic denitrification performance and nitrate removal pathway analysis of a novel fungus *Fusarium solani* RADF-77 [J]. Bioresour Technol, 2020, 295: 122250.

[6] Ji B, Yang K, Zhu L, et al. Aerobic denitrification: A review of important advances of the last 30 years [J]. Biotechnology and Bioprocess Engineering, 2015, 20 (4): 643-651.

[7] Yu X, Jiang Y, Huang H, et al. Simultaneous aerobic denitrification and Cr (VI) reduction by *Pseudomonas brassicacearum* LZ-4 in wastewater [J]. Bioresour Technol, 2016, 221: 121-129.

[8] Rajta A, Bhatia R, Setia H, et al. Role of heterotrophic aerobic denitrifying bacteria in nitrate removal from wastewater [J]. J Appl Microbiol, 2020, 128 (5): 1261-1278.

[9] Kim M, Jeong S Y, Yoon S J, et al. Aerobic denitrification of *Pseudomonas putida* AD-21 at different C/N ratios [J]. J Biosci Bioeng, 2008, 106 (5): 498-502.

[10] Saleh-Lakha S, Shannon K E, Henderson S L, et al. Effect of pH and temperature on denitrification gene expression and activity in *Pseudomonas mandelii* [J]. Appl Environ Microbiol, 2009, 75 (12): 3903-3911.

[11] Guo L J, Zhao B, An Q, et al. Characteristics of a novel aerobic denitrifying bacterium, *Enterobacter cloacae* strain HNR [J]. Appl Biochem Biotechnol, 2016, 178 (5): 947-959.

[12] Lei X, Jia Y, Chen Y, et al. Simultaneous nitrification and denitrification without nitrite accumulation by a novel isolated *Ochrobactrum anthropic* LJ81 [J]. Bioresour Technol, 2019, 272: 442-450.

[13] Rout P R, Bhunia P, Dash R R. Simultaneous removal of nitrogen and phosphorous

from domestic wastewater using *Bacillus cereus* GS-5 strain exhibiting heterotrophic nitrification，aerobic denitrification and denitrifying phosphorous removal [J]. Bioresour Technol，2017，244（Pt 1）：484-495.

[14] Song Z F，An J，Fu G H，et al. Isolation and characterization of an aerobic denitrifying *Bacillus* sp. YX-6 from shrimp culture ponds [J]. Aquaculture，2011，319（1-2）：188-193.

[15] 邹家庆. 工业废水处理技术 [M]. 北京：化学工业出版社，2003.

[16] 张明，徐亚同，史家. 污染控制微生物工程 [M]. 北京：化学工业出版社，2001.

[17] 胡婷，谷洁，甄丽莎，et al. 石油污染土壤中苯酚降解菌 ad049 的鉴定及降解特性 [J]. 生态学报，2014，34（05）：1140-1148.

[18] 王莹. 异养硝化细菌 WY-01 同步脱氮除酚性能及机理研究 [D]. 太原理工大学，2016.

[19] Zhou B J. Effect of inhibitory factors on biodegradation of phenol by an isolated *Pseudomonas* Strain [J]. Biotechnology，2013，12（2）：125-127.

[20] Ma W，Han Y，Ma W，et al. Simultaneous nitrification and denitrification（SND）bioaugmentation with *Pseudomonas* sp. HJ3 inoculated for enhancing phenol and nitrogen removal in coal gasification wastewater [J]. Water Sci Technol，2019，80（8）：1512-1523.

[21] Kuypers M M M，Marchant H K，Kartal B. The microbial nitrogen-cycling network [J]. Nat Rev Microbiol，2018，16（5）：263-276.

[22] Heo H，Kwon M，Song B，et al. Involvement of NO_3^- in ecophysiological regulation of dissimilatory nitrate/nitrite reduction to ammonium（DNRA）is implied by physiological characterization of soil DNRA bacteria isolated via a colorimetric screening method [J]. Appl Environ Microbiol，2020，86（17）：e01054-20.

[23] Huang X，Weisener C G，Ni J，et al. Nitrate assimilation，dissimilatory nitrate reduction to ammonium，and denitrification coexist in *Pseudomonas putida* Y-9 under aerobic conditions [J]. Bioresour Technol，2020，312：123597.

[24] Yang L，He T，Chen M，et al. Excellent phenol removal ability of *Acinetobacter guillouiae* BY18 under different inorganic nitrogen conditions [J]. Environmental Technology & Innovation，2024，35：103694.

[25] Zhang R，Wang X，Ali A，et al. Single-step removal of calcium，fluoride，and phenol from contaminated water by *Aquabacterium* sp. CZ3 via facultative anaerobic microbially induced calcium precipitation：Kinetics，mechanism，and characterization [J]. Bioresource Technology，2022，361：127707.

[26] Huang A，Shao P，Wang Q，et al. Enhanced phenol biodegradation by *Burkholderia*

PHL 5 with the assistant of nitrogen [J]. Journal of Water Process Engineering, 2022, 47: 102771.

[27] Bai F, Tian H, Ma J, et al. Simultaneous biodegradation and mechanism of ammonia nitrogen and aniline compounds from landfill leachate by the engineered aerobic denitrification *Rhodococcus erythropolis* [J]. Chemical Engineering Journal, 2025, 503: 158598.

第3章

脱氮除酚菌T2的基因组分析及代谢途径解析

3.1　引言

苯酚等酚类污染物广泛存在于多种工业及农业活动排放的废水中，此类废水中通常还会存在着过量的氨氮、硝态氮等无机氮污染物，这些共存的污染物对生态环境、人类健康和农业生产都造成了极大的危害[1]。目前，异养硝化-好氧反硝化菌的脱氮能力凭借其独有的优势，在生物脱氮领域备受关注。而苯酚作为水中优先污染物也常常存在于上述废水中，安全、高效地去除苯酚也是废水处理中的关键一环。利用微生物进行同步脱氮除酚是一种潜在的高效处理苯酚与氮素污染的手段。此外，苯酚及其衍生物作为木质素的单体在自然中含量大、来源广，是潜在的生物资源材料；而氮元素作为细胞成分重要的组成元素，与细胞生长代谢、物质合成紧密相连。因此，了解微生物对酚类物质及氮的代谢机制对生物修复、生物质资源微生物转化及开发利用都有着重要的作用。

在本书第 2 章内容中，已经筛选出一株能够同时进行异养硝化-好氧反硝化和苯酚降解的菌株 T2，并探究了不同环境条件对该菌株降解效率的影响，测定了其脱氮除酚的特性。这些研究内容丰富了不同类型的同步脱氮除酚菌代谢能力的认识。想要更全面地认识此类菌株，仅仅明确这些理化指标还是不够的。为了进一步了解菌株 T2 脱氮除酚的作用机理，深入挖掘其应用价值，需要对菌株的关键基因及其作用机制进行深入研究。已知目前同步脱氮除酚实现主要依赖微生物的代谢作用，通过大量的功能酶来实现污染物的转化降解。因此，了解微生物脱氮除酚的代谢通路，明确代谢通路中发挥作用的功能酶，阐明功能酶的表达调控机制可以针对性高效强化污染物去除效率。

为了达成这一目的，首先需要明确同步脱氮除酚菌的基因组序列。基因组测序技术的发展为解析微生物的代谢机制提供了全新视角，通过对同步脱氮除酚菌的基因组分析，可获得以下核心信息[2-4]：(1) 代谢途径解析，鉴定苯酚代谢通路上的重要功能酶，明确物质的转化过程。(2) 揭示调控机制，挖掘潜在的调控元件以及关键转录因子。(3) 阐明环境适应性机制，挖掘潜在的抗逆基因，解析菌株在胁迫环境下的生存机制。有了这些数据信息作为基础，可以为后续代谢工程、基因工程的优化提供数据支撑，提升同步脱氮除酚菌的应用价值。

本章内容中，以草酸盐贪铜菌 T2 为研究对象，同时利用第三代测序平台对菌株进行全基因组测序，采用生物信息学手段注释其基因组的结构及编码基因的功能。同时，通过基因组功能的分析，揭示该菌株的代谢特征及应用潜力。并通过测定关键基因的表达情况，初步明确了菌株 T2 的脱氮除酚的代谢途径。这些内容可以强化对同步脱氮除酚菌的理解，为后续更多此类菌株的研究提供参考价值。

3.2 同步脱氮除酚菌的基因组分析

通过基因测序可以获得功能菌株的全部遗传信息，对其基因组信息进行深入分析可以进一步揭示功能菌株的关键代谢基因以及重要的代谢机制。利用基因组分析环境中筛选出的污染物降解菌已经成为常用的分析手段，目前大量的研究人员通过二代或三代测序对功能菌的基因组进行分析，获得了海量的数据，可以更容易地了解细菌代谢相关污染物的过程及机理。例如：

本文将以筛选出的脱氮除酚菌——草酸盐贪铜菌 T2（*Cupriavidus oxalaticus* T2）为例，介绍对该菌株基因组进行三代测序的流程以及对其基因组分析获得的结果。

首先将筛选出的菌株 T2 提取全基因组，并将基因组送至测序公司采用 Pacbio RSII 平台进行基因组测序。经电泳检测合格的 DNA 样品用 Covaris g-TUBE 打断成构建文库所需大小的目的片段，经 DNA 损伤修复及末端修复后，使用 DNA 黏合酶将发卡型接头连接在 DNA 片段两端，使用 AMpure PB

磁珠对 DNA 片段进行纯化选择，构建 SMRT Bell 文库。纯化后的片段经 buffer 回溶后，使用 BluePipin 片段筛选特定大小的片段，并使用 AMpure PB 磁珠对 DNA 片段进行纯化。构建好的文库经 Qubit 浓度定量，并利用 Agilent 2100 检测插入片段大小，随后用 PacBio 平台进行测序。低质量 reads 通过 SMRT Link v5.0.1 过滤，过滤后的 reads 进行基因组组装。组装完成后，再使用 GeneMarkS Version 4.17 软件对组装的基因组与各大功能数据库比对，进行基因的功能注释和预测。分析样品基因组的成分，包括编码基因、非编码 RNA、重复序列、前噬菌体、基因岛、CRISPR 等基因组成分的预测；这些数据库包括 GO（Gene Ontology），KEGG（Kyoto Encyclopedia of Genes and Genomes），COG（Clusters of Orthologous Groups），NR（Non-Redundant Protein Database databases），TCDB（Transporter Classification Database）和 Swiss-Prot 等等。

3.2.1　菌株 T2 的基因组特征

Cupriavidus oxalaticus T2 的基因组的基本特征展示在表 3-1 中。全基因组大小为 7，296，847 bp，包含有两个环状染色体和一个非环状质粒，其中染色体 1（chromosome 1）大小为 2，875，465 bp，GC 含量为 67.02%；染色体 2（chromosome 2）大小为 3，852，567 bp，GC 含量为 66.52%；质粒（plasmid）大小为 568，815 bp，GC 含量为 61.6%。共有 6635 个编码基因被预测到（覆盖率为基因组的 86.19%），同时在基因组中共发现了 67 个 tRNA 和 15 个 rRNA 操纵子。

将组装完成的菌株 T2 的全基因组序列拼接成圈层图，如图 3-1 所示。圈层图最外圈是基因组序列位置坐标，由外到里，分别是编码基因、COG 基因功能注释结果、KEGG 基因功能注释结果、GO 数据库的注释结果、ncRNA、基因组 GC 含量、基因组 GC skew 值分布。菌株 T2 的全基因组序列已提交至 GenBank，登录号为 CP032518，CP032519 和 CP032520。

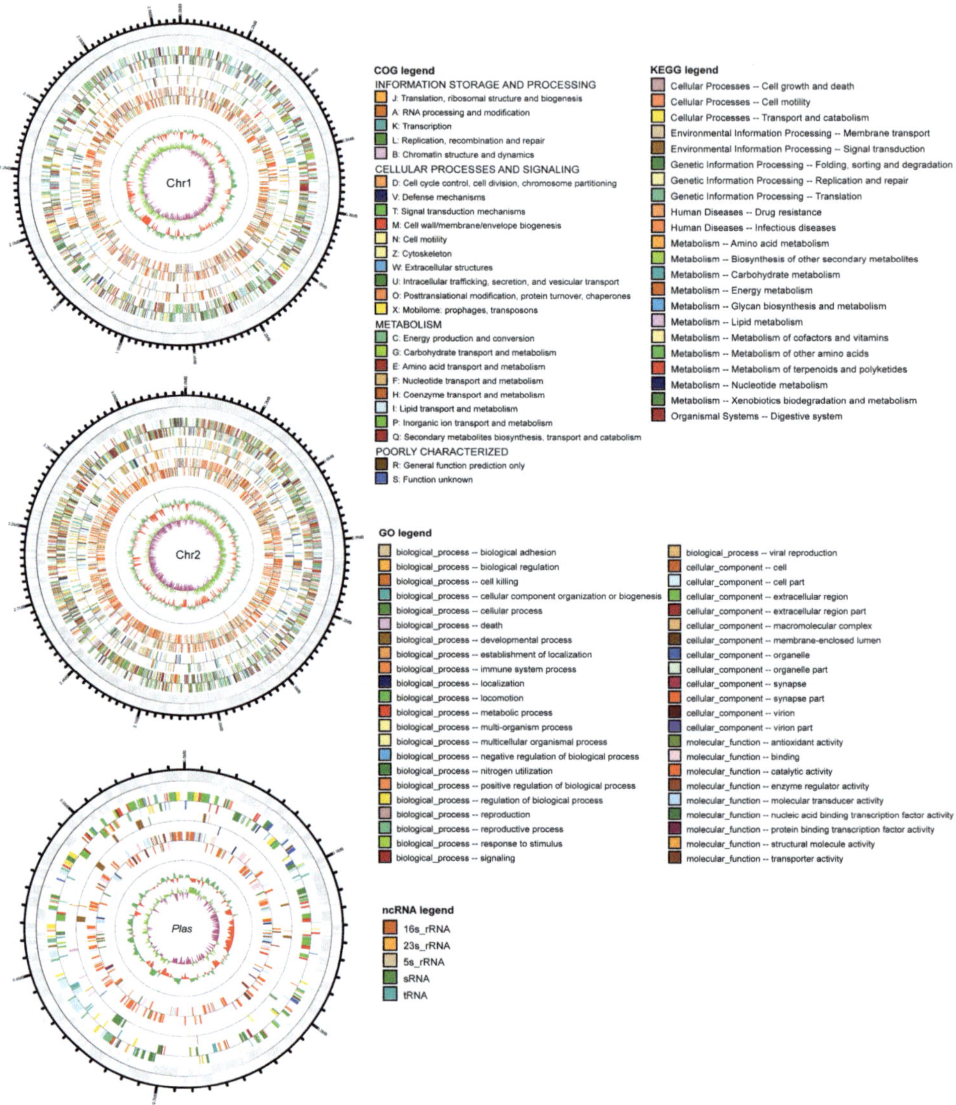

图 3-1　草酸盐贪铜菌 T2 的全基因组图谱

表 3-1　草酸盐贪铜菌 T2 的全基因组特征

特征	染色体 1	染色体 2	质粒
基因组大小/bp	2875465	3852567	568815
GC 含量/%	67.02	66.52	61.6
蛋白编码基因	2562	3521	552
rRNA 基因(5S,16S,23S)	6(2,2,2)	9(3,3,3)	0
tRNA 基因	9	57	1

3.2.2　全基因组ANI分析

本书第2章内容中已经通过16S rDNA序列比对初步确定了菌株T2在种属上的分类，然而简单的16S rDNA基因序列分析对种水平的分类不够准确，具有一定的局限性。平均核苷酸一致性（Average Nucleotide Identity，ANI）是基于基因组的所有直系同源蛋白编码基因的比较的一个平均值，能够有效地判断菌株种属之间的进化关系，相比16S rDNA序列分析，ANI分析可以更好地解决同一个属之间菌株的分类[5]。利用JSpeciesWS平台采用基于MUMmer比对方法的ANI分析，通过14株贪铜菌的全基因组序列分析了它们之间的进化关系。基于95% ANI阈值，来判断代表物种级别分类的保守边界，两个物种间的ANI值大于95%可以视作为同一个种。

图3-2展示了这14株贪铜菌属（*Cupriavidus*）的ANI分析结果，可以看出，菌株T2与另外的3株草酸盐贪铜菌 *C. oxalaticus* Ox1、*C. oxalaticus* NBRC13593、*C. oxalaticus* LMG 2235聚集在一起，并且相互之间的ANI值都大于95%，这表明这4株菌同属一个种，它们之间有较近的进化关系。另外，可以看出，另一株命名为草酸盐贪铜菌的 *C. oxalaticus* X32尽管与上述几株菌聚集在一起，但是与它们之间的ANI值都只有94%，按照95%的阈值划分则应该不属于草酸盐贪铜菌（*C. oxalaticus*）。而菌株T2与剩余9株菌ANI值都小于90%，表明菌株T2与这些菌株亲缘关系较远。

3.2.3　基因组功能注释

草酸盐贪铜菌T2的基因组共预测到6635个编码基因，通过与GO、COG和KEGG数据库比对分析来对基因组功能进行注释。

GO数据库共注释到4450个基因，注释结果如图3-3所示。GO数据库将基因的功能分为三大类，分别为：(1) 细胞组分（cellular component）：用于描述亚细胞结构、位置和大分子复合物，如核仁、端粒和识别起始的复合物；

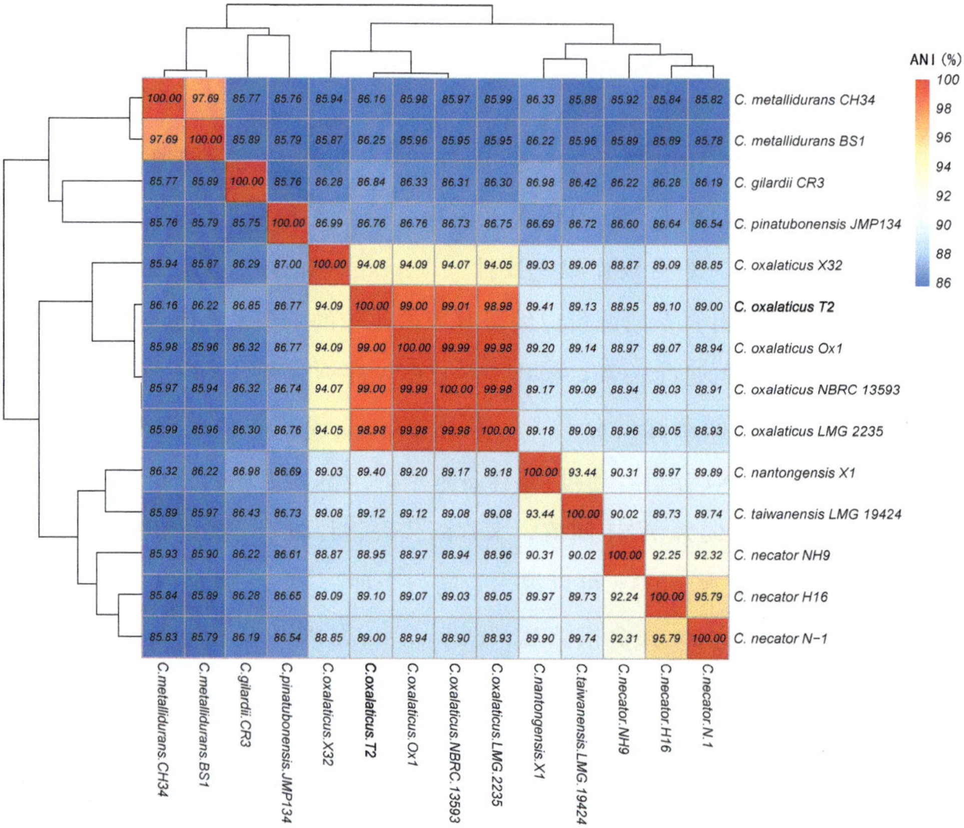

图 3-2 贪铜菌属（*Cupriavidus*）间的平均核苷酸一致性（ANI）分析

（2）分子功能（molecular function）：用于描述基因、基因产物个体的功能，如与碳水化合物结合或 ATP 水解酶活性等；（3）生物过程（biological process）：用来描述基因编码的产物所参与的生物过程，如有丝分裂或嘌呤代谢等。在草酸盐贪铜菌 T2 的基因组中，细胞组分类别中基因数量最多的为细胞（cell）和细胞成分（cell part），都为 1306 个；在分子功能类别中，基因数量最多的为结合蛋白（bindin），为 2127 个；在生物过程类别中，基因数量最多的则是代谢过程（metabolic process），数量为 2370。从注释结果可以看出，草酸盐贪铜菌 T2 具有较强的代谢能力。

COG 数据库共注释到 5247 个基因，注释结果如图 3-4 所示。发现基因数量最多的几个功能类别为能量产生和转化（C），一般功能预测（R），转录（K），

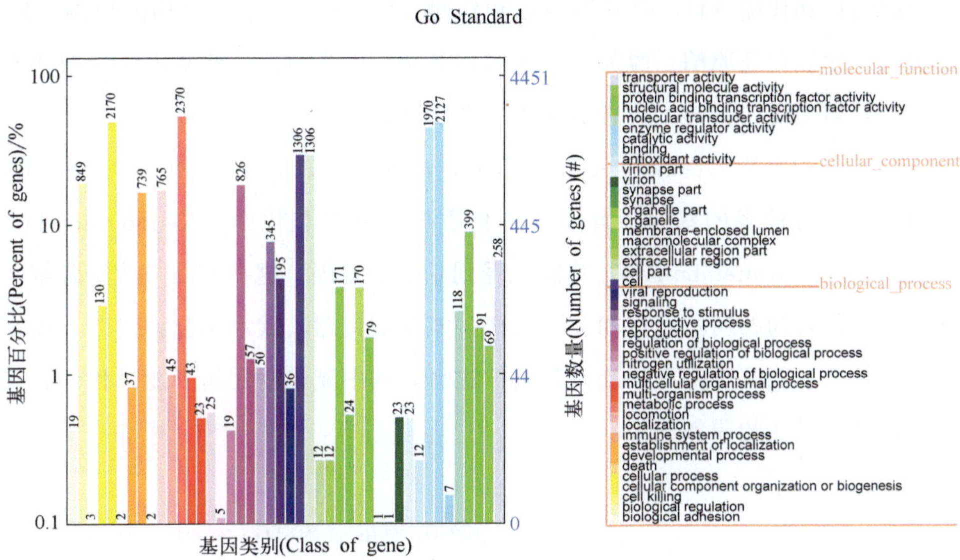

图 3-3　草酸盐贪铜菌 T2 的 GO 功能注释

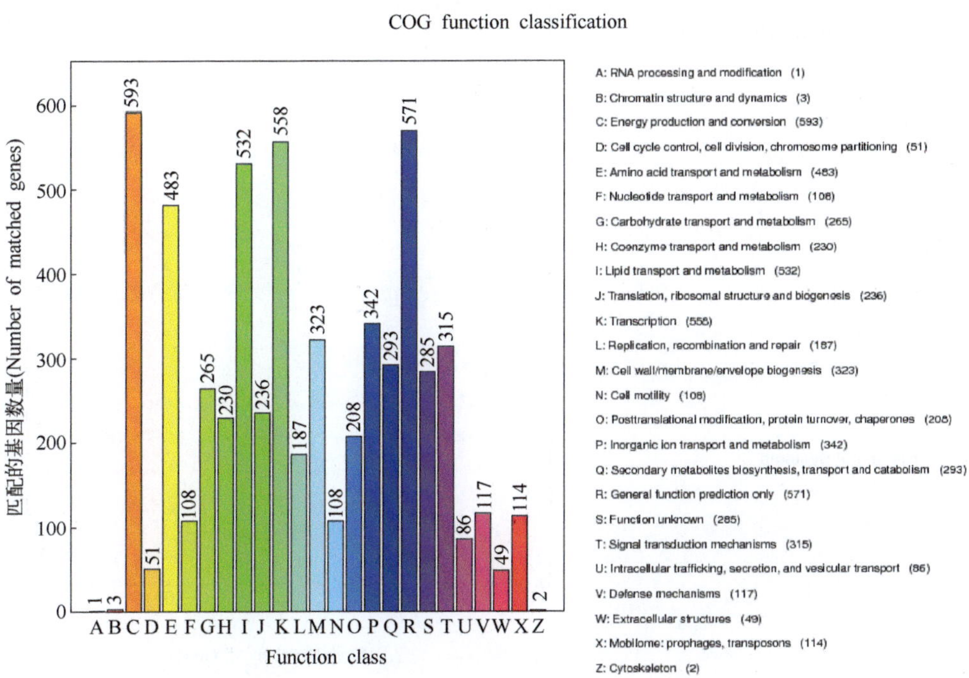

图 3-4　草酸盐贪铜菌 T2 的 COG 功能注释图

脂质的转运和代谢（I），氨基酸转运和代谢（E）等。其中一般功能预测（R）中包含多种氧化还原酶、脱氢酶、水解酶等功能性蛋白。这些基因同样与代谢功能有密切关联，参与了菌株的基本生命活动。

KEGG 数据库共注释到 6221 个基因，注释结果如图 3-5 所示。可以看出，代谢功能具有最多的基因，其中外源物质生物降解与代谢（Xenobiotics biodegradation and metabolism）功能注释到 184 个基因，这些基因与菌株降解苯酚等芳香化合物的功能密切相关。同样，氨基酸代谢、碳水化合物代谢和能量代谢等相关功能基因都有相当大数量被注释，其中氮代谢是属于能量代谢，表明菌株具有潜在的脱氮能力。

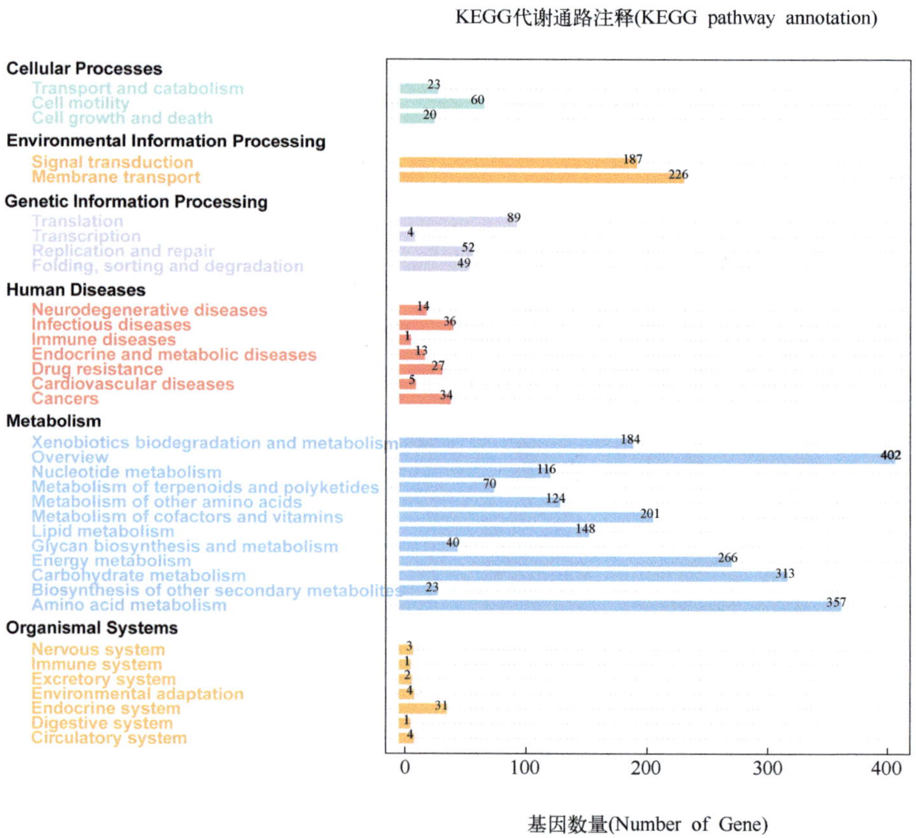

图 3-5 草酸盐贪铜菌 T2 的 KEGG 代谢途径注释

3.2.4　苯酚降解相关功能基因

全基因组分析揭示了草酸盐贪铜菌 T2 降解苯酚相关的基因，参考之前的文献报道[6-8]，在表 3-2 列出了菌株 T2 中潜在的参与苯酚代谢的全部基因。根据菌株 T2 的全基因组分析的结果，将菌株 T2 基因组中注释到的与苯酚代谢相关的潜在功能基因标注在相关的苯酚代谢途径中，如图 3-6 所示。结果显示，菌株 T2 的基因组中含有邻位降解途径的全部编码基因，在邻位途径中，草酸盐贪铜菌 T2 降解苯酚首先利用苯酚羟化酶将苯酚氧化成邻苯二酚后，再通过邻苯二酚 1，2-双加氧酶的催化作用将邻苯二酚邻位裂解，生成顺式黏糠酸，最后经过 β-酮己二酸途径将产物转化成乙酰辅酶 A 和琥珀酰辅酶 A 进入三羧酸循环。同时，菌株 T2 的基因组中注释到了苯酚间位降解途径中除邻苯二酚 2，3-双加氧酶外的全部基因，而邻苯二酚 2，3-双加氧酶是该代谢途径非常重要的限速酶，因此菌株 T2 可能无法通过间位途径来降解苯酚。此外，根据基因组中注释到的功能基因，结合目前已报道的微生物通过对位途径降解酚类污染物的相关研究[8,9]，在菌株 T2 中推断了一条潜在的苯酚对位降解途径。该途径中苯酚被氧化成对苯二酚，然后经过对苯二酚 1，2-双加氧酶、羟基黏糠酸半醛脱氢酶和马来酰乙酸还原酶的进一步催化形成 3-氧代己二酸，最后产物进入三羧酸循环中，该途径需要更多的证据来进一步验证。

表 3-2　草酸盐贪铜菌 T2 中参与苯酚降解的全部基因

基因产物	名称	位点标签
苯酚羟化酶 (phenol hydroxylase)	*pht*	D2917_01335,D2917_01340, D2917_01345,D2917_01350, D2917_01355,D2917_01360
邻苯二酚 1,2-双加氧酶 (catechol 1,2-dioxygenase)	*catA*	D2917_01330,D2917_03620, D2917_22290
黏糠酸环异构酶 (muconate cycloisomerase)	*catB*	D2917_22300
黏多内酯 δ-异构酶 (muconolactone delta-isomerase)	*catC*	D2917_22305
3-氧代己二酸烯醇-内酯酶 (3-oxoadipate enol-lactonase)	*catD*	D2917_22310

续表

基因产物	名称	位点标签
3-氧代己二酸辅酶 A 转移酶 (3-oxoadipate CoA-transferase)	*pcaIJ*	D2917_06735, D2917_06740, D2917_08510, D2917_08515, D2917_11210
3-氧代乙酰-辅酶 A 硫醇酶 (3-oxoacyl-CoA thiolase)	*pcaF*	D2917_08520, D2917_14730
2-羟基黏多糖半醛脱氢酶 (2-hydroxymuconic semialdehyde dehydrogenase)	*dmpC*	D2917_03700
2-酮-4-戊烯酸氢化酶 (2-keto-4-pentenoate hydratase)	*mhpD*	D2917_03705
乙醛脱氢酶 (acetaldehyde dehydrogenase)	*mphF*	D2917_03710
4-羟基 2-氧代戊酸醛缩酶 (4-hydroxy 2-oxovalerate aldolase)	*mhpE*	D2917_03715
2-氧代-3-己二酸脱羧酶 (2-oxo-3-hexenedioate decarboxylase)	*mhpH*	D2917_03720
4-氧代丙二酸共聚酶 (4-oxalocrotonate tautomerase)	*praC*	D2917_25110
NAD(P)H 脱氢酶(醌类) [NAD(P)H dehydrogenase(quinone)]	*wrbA*	D2917_11415
对苯二酚 1,2-双加氧酶 (hydroquinone 1,2-dioxygenase)	*linE*	D2917_11410
羟基黏糠酸半醛脱氢酶 (Hydroxymuconic semialdehyde dehydrogenase)	*HMSD*	D2917_11405
马来酰乙酸还原酶 (Maleylacetate reductase)	*tfdFII*	D2917_11395

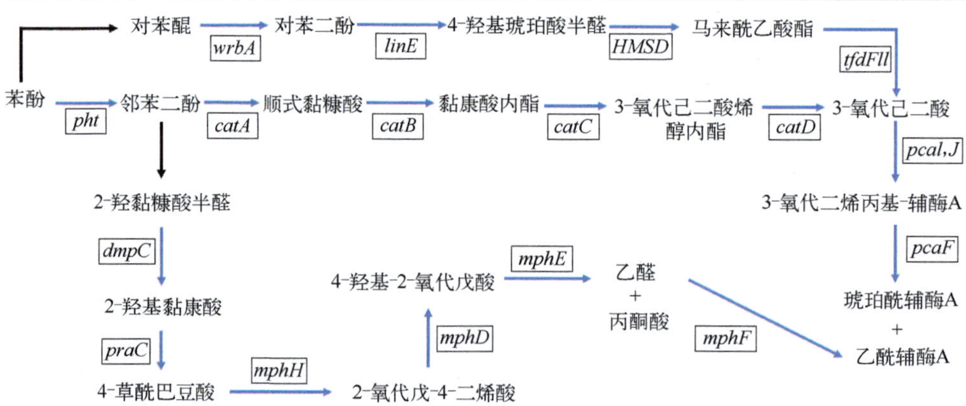

图 3-6　菌株 T2 中潜在的苯酚代谢途径

对这些苯酚降解相关的功能基因在基因组上的排列进行分析，发现在这些基因组成多个基因簇存在于菌株 T2 的基因组上（图 3-7）。苯酚羟化酶基因簇（*phtABCDEF*）含有 6 个苯酚羟化酶亚基，操纵子上游有一个转录方向相反的调控基因 *phtR*，下游则相连了一个邻苯二酚 1，2-双加氧酶的编码基因 *catA*；基因簇 *catABCD* 与 *pcaIJF* 负责编码邻位途径中后续反应的功能酶。在负责苯酚间位代谢途径的基因簇中，缺少了邻苯二酚 2，3-双加氧酶的编码基因，该代谢途径可能在菌株 T2 中无法形成完整通路来进行苯酚的代谢。根据文献报道，邻苯二酚 2，3-双加氧酶的编码基因常位于多亚基苯酚羟化酶下游相邻的位置[10]，而在菌株 T2 中与苯酚羟化酶相连的是邻位途径关键酶邻苯二酚 1，2-双加氧酶的编码基因，这可能是在进化中选择的结果。而推测出苯酚对位降解途径中功能酶的编码基因同样构成两个基因簇，其中一个基因簇 *pcaIJF* 与邻位途径中相同，另一个基因簇则位于基因组的不同区域并且此基因簇中含有两个调控因子的基因。

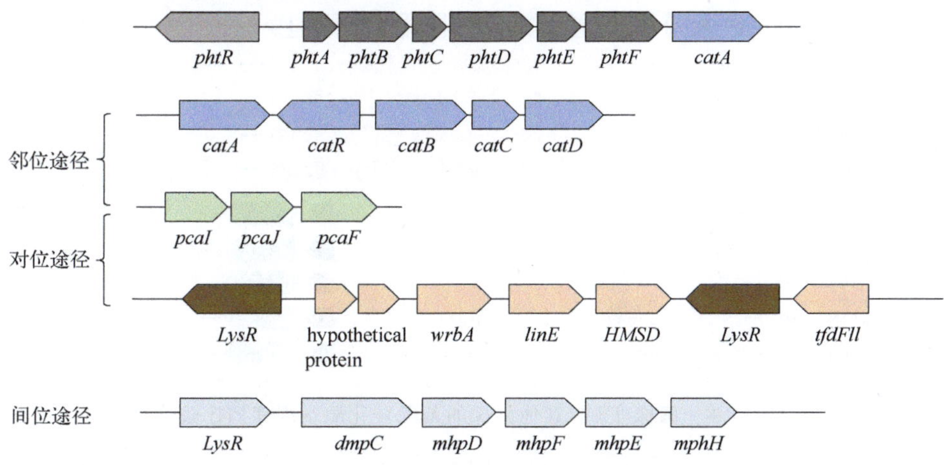

图 3-7 涉及苯酚降解的基因簇

基因组结果显示菌株 T2 中的苯酚羟化酶属于多组分形式，总共包含了 6 个亚基，存在于一个操纵子上，其转录受到基因簇上游的转录调控蛋白（R）的控制，下游相邻的是邻苯二酚 1，2-双加氧酶的编码基因（图 3-8）。根据文献报道[11,12]，发现许多菌株中存在相关多组分苯酚羟化酶编码基因，同时对 NCBI 基因组数据的查找，发现 *Cupriavidus* 属分类下的多种菌株内含有多组分苯酚羟化酶的编码基因，例如 *C. necator* H16，*C. necator* N1，*C. necator* H16，*C. necator* N1，*C. metallidurans* CH34，*C. metallidurans* Ni-2，*C. oxalaticus* X32，*C. pinatubonensis* JMP134，*Cupriavidus* sp. USMAHM13 等，并且这些菌株中编码基因的结构与菌株 T2 中的类似。将菌株 T2 中苯酚羟化酶基因簇相关序列与这些菌株中相同基因的序列相比较，发现菌株 T2 中多组分苯酚羟化酶基因的序列与 *C. necator* H16，*C. necator* N1，*C. oxalaticus* X32，*C.* sp. USMAHM13 和 *Pseudomonas* sp. CF600 的差异较大。推测这可能是因为这些菌株中苯酚羟化酶基因簇的下游相连的是一个铁氧还原蛋白以及邻苯二酚 2,3-双加氧酶，与菌株 T2 中苯酚的代谢途径不一致。这些菌株的苯酚羟化酶基因序列中与菌株 T2 相似度最高的是 *C. pinatubonensis* JMP134 和 *Wautersia numazuensis* TE26，这些菌株苯酚羟化酶基因簇的下游都为邻苯二酚 1，2-双加氧酶的编码基因，基因结构相同。

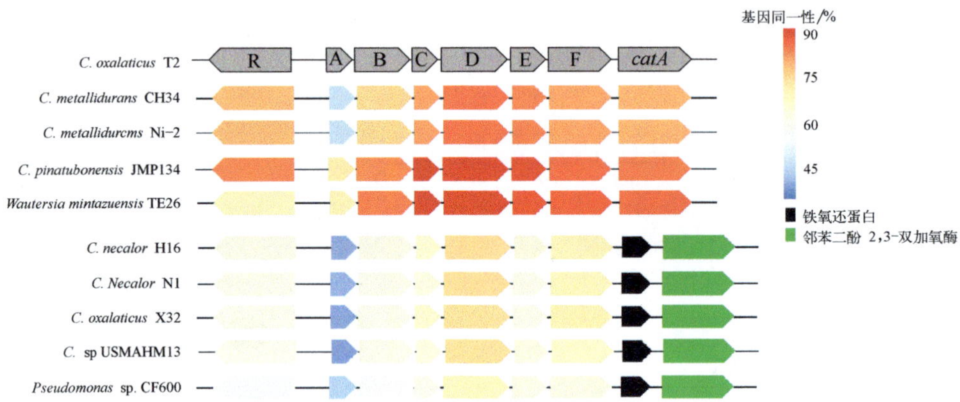

图 3-8 菌株 T2 与其他菌株的苯酚羟化酶基因序列比较

有研究表明，来自不同细菌的苯酚羟化酶对苯酚表现出不同的亲和性，这种亲和性是实际应用中非常重要的参数[13]。同时研究表明在苯酚羟化酶的大亚基中发现了标志性氨基酸残基可以以此来分析相应苯酚羟化酶与苯酚的亲和性。将草酸盐贪铜菌 T2 中苯酚羟化酶大亚基的基因序列与上述文献报道中其他细菌进行比较，构建系统发育树（图 3-9）。从结果可以看出，菌株 T2 的苯酚羟化酶归属于第一组（Group 1），依据 Futamata 等[13] 的分析，这一类的苯酚羟化酶表现出较高的苯酚亲和性。这进一步说明草酸盐贪铜菌 T2 不仅对土壤和水体中的苯酚污染具有较好的应用价值，而且在处理其他与苯酚相关的污染物（如三氯乙烯）方面也可能具有一定的应用潜力。

图 3-9　基于草酸盐贪铜菌 T2 及其他菌株苯酚羟化酶大亚基的系统发育树

3.2.5　脱氮相关基因

草酸盐贪铜菌 T2 基因组中注释到的与脱氮相关基因如表 3-3 所示。结果显示，参与硝化作用的氨氧化酶与羟胺氧化酶的编码基因在基因组中没有被注释到，而涉及反硝化作用的硝酸盐还原酶、亚硝酸盐还原酶、一氧化氮还原酶和一氧化二氮还原酶的编码基因都被注释到。根据文献报道，异养硝化-好氧反硝化菌的脱氮作用通常是先利用氨氧化酶将氨氮氧化为羟胺，然后再通过羟胺氧化酶的作用转化成亚硝酸盐，亚硝酸盐及其氧化产物硝酸盐会在一系列反硝化酶的作用下还原成 N_2 完成脱氮[14]。然而，在菌株 T2 的基因组中没有注释到氨单加氧酶与羟胺氧化酶的编码基因，但是有好氧反硝化相关酶的编码基因，说明草酸盐贪铜菌 T2 的硝化途径可能是直接将氨氮氧化成亚硝酸盐和硝酸盐。在粪产碱杆菌 *Alcaligenes faecalis* NR[15] 中也报道了相似的异养硝化途径，异养硝化菌 *Alcaligenes faecalis* NR 被发现能够利用异养硝化作用将氨氮氧化成硝态氮和亚硝酸氮，同时还能够通过羟胺直接将氨氮氧化成 N_2。此外，也有文献报道微生物可以通过未知酶催化 Fe（Ⅲ）和 Mn（Ⅳ）作为电子受体直接将氨氧化形成亚硝酸盐[16]。另外，草酸盐贪铜菌 T2 的基因组中有全部的反硝化相关酶的编码基因，说明其具有潜在的反硝化能力。之前测定结果表明，草酸盐贪铜菌 T2 可以有效地去除氨氮，说明菌株 T2 可能存在未知

表 3-3　草酸盐贪铜菌 T2 中脱氮相关基因

基因名称	基因编码产物	位点标签
AmtB	铵转运体	D2917_00310
AmtB	铵转运体	D2917_14020
NarK	硝酸盐/亚硝酸盐 MFS 转运体	D2917_05770
NarK	硝酸盐/亚硝酸盐 MFS 转运体	D2917_10725
NarG	呼吸硝酸还原酶亚基 α	D2917_05775
NarH	呼吸硝酸还原酶亚基 β	D2917_05780
NarI	呼吸硝酸还原酶亚基 γ	D2917_05790
NasA	硝酸盐还原酶	D2917_10705
NapB	周质硝酸还原酶细胞色素 c 型亚基	D2917_10960
NapA	周质硝酸还原酶亚基 α	D2917_10965
NapE	周质硝酸还原酶	D2917_10975
NtrB	硝酸盐 ABC 转运渗透酶	D2917_14205
NirS	亚硝酸盐还原酶	D2917_05825
NirD	亚硝酸盐还原酶小亚基	D2917_10715
NirB	亚硝酸盐还原酶大亚基	D2917_10720
NorB	一氧化氮还原酶	D2917_06095
NosZ	氧化亚氮还原酶	D2917_17700

的氨氧化途径或有未注释到的氨氧化酶的编码基因。关于菌株T2的脱氮途径以及反硝化特性，需要进一步地探究。

3.2.6 苯酚耐受性相关功能基因

苯酚具有生物毒性，能够破坏细胞膜结构的完整性，造成细胞功能损伤。细菌对苯酚的耐受能力可以保证菌株在苯酚胁迫环境下稳定生长，有利于维持其代谢功能。许多研究已经证实，微生物对芳香化合物以及有毒溶剂的耐受机制主要依靠细胞内的抗氧化系统、分子伴侣、溶剂外排泵系统、损伤修复系统以及细胞膜的调节作用等[17,18]。草酸盐贪铜菌T2的基因组分析表明，有多种功能基因对菌株耐受苯酚发挥潜在的作用，包括抗氧化作用、蛋白质折叠、转运以及应激调节等（表3-4）。研究表明，苯酚可诱导机体产生活性氧(ROS)，菌株T2的基因组信息显示总共有30个编码基因与氧化胁迫响应相关，其中一部分基因涉及非酶类的抗氧化小分子物质的形成如谷胱甘肽和硫氧还原蛋白，另一部分基因则是抗氧化酶的编码基因。在细胞的抗氧化性系统中，SOD催化超氧自由基分解为过氧化氢，过氧化氢被过氧化氢酶或烷基过氧化氢还原酶进一步降解[19]。谷胱甘肽和硫氧还原蛋白依赖的还原系统也已经被证实可以与自由基和过氧化氢反应，以消除细胞的氧胁迫[17]。此外，菌株T2的全基因组显示存在16个通用应激蛋白UspA的编码基因，这有利于菌株能够更好地应对环境胁迫。研究人员发现UspA蛋白在保护鲍曼不动杆菌对抗过氧化氢和2,4-二硝基苯酚胁迫方面起着至关重要的作用[20]。另外，外排泵系统是对处在有毒溶剂中的革兰氏阴性菌的有效保护机制，它能将细胞内多余的有毒物质泵入细胞外，有效防止细胞内化学物质达到致死浓度，尤其是RND（resistance-nodulation-division）家族的外排泵主要与细菌对有毒溶液的耐受性相关[21]。

这里关于草酸盐贪铜菌T2对苯酚耐受性潜在机制的探讨还是依据菌株基因组的分析，具体的作用机制待进一步地探究。

表 3-4 草酸盐贪铜菌 T2 中与苯酚耐受相关的潜在基因

基因功能	基因编码产物	数量
胁迫响应	通用应激蛋白(UspA)	16
分子伴侣	热休克蛋白 GroES	2
	热休克蛋白 HtpG	1
	热休克蛋白 IbpA	2
	触发因子 Tig	1
	冷休克蛋白 CspA	4
	分子伴侣 DnaK	2
	分子伴侣 DnaJ	2
抗氧化	超氧化物歧化酶(Sod)	2
	过氧化物还原酶	9
	过氧化氢酶	2
	烷基过氧化氢还原酶(Ahp)	8
	谷胱甘肽过氧化物酶	3
	硫醇过氧化物酶	1
	硫醇-二硫化物交换蛋白	4
	谷胱甘肽合成酶	1
外排泵	抗性-结节-分化(RND)外排泵	38

3.3 菌株同步脱氮除酚代谢途径

前期基因组分析结果已经表明菌株 T2 的基因组中具有苯酚降解邻位途径的全部编码基因，并且发现其中存在 3 个邻苯二酚 1,2-双加氧酶的编码基因。另外，完整的反硝化途径也在菌株 T2 的基因组中发现。为了深入了解菌株同步脱氮除酚过程中苯酚降解关键酶的表达情况，进一步证实菌株的脱氮途径，探究苯酚对菌株脱氮基因表达的影响，将菌株 T2 分别培养在以苯酚为唯一碳源、以氨氮（NH_4^+-N）或硝态氮（NO_3^--N）为氮源的培养基中，同时将以丁二酸钠作为碳源生长的菌株作为对照。在菌株生长至 OD_{600} 到 0.8 左右收集菌体，提取 RNA，进行反转录，利用相对荧光定量 PCR（qRT-PCR）方法探究了不同条件下苯酚降解基因以及脱氮基因的表达差异。具体的实验步骤如下：

将菌株 T2 接种至异养硝化培养基，分别添加丁二酸钠与苯酚作为碳源，待菌株生长至 OD_{600} 为 0.8 左右，收集菌体并按以下方法进行 RNA 提取：

(1) 将培养后的菌液取 10mL，8000×*g* 离心 5min 收集菌体，然后用 1×PBS 缓冲液重悬，再 8000×*g* 离心 5min 弃上清。

(2) 添加 1mL RNAiso Plus（Takara 公司），振荡重悬 5min 后室温静置 5min。随后 4℃条件下 12000×*g* 离心 5min，转移上清至新的离心管中。

(3) 向上清中添加 200μL 的氯仿，剧烈振荡至溶液乳化呈乳白色，静置 5min，12000×*g*，4℃离心 15min，小心取出离心管，此时溶液分为三层即：无色的上清液（含 RNA）、中间的白色蛋白层（大部分为 DNA）及带有颜色的下层有机相，转移上清至新管。

(4) 向上清中加入 1mL 的异丙醇，上下颠倒离心管待充分混匀后，室温静置 10min。12000×*g*，4℃离心 10min。一般在离心后，试管底部会出现 RNA 沉淀。

(5) 弃上清。加入 1mL 预冷无水乙醇，吹洗沉淀。12000×*g*，4℃离心 10min 收集沉淀。重复此步骤一次。

(6) 弃上清，倒扣离心管，室温静置 5～10min。乙醇挥发后加入 20μL 的 RNase-free Water 溶解。

RNA 提取完成后进行凝胶电泳检测并测定浓度，然后按照以下步骤完成反转录合成 cDNA：

利用 One-Step gDNA Removal and cDNA Synthesis SuperMix 试剂盒进行 RNA 样品中的 gDNA 与 cDNA 合成。反应体系（表 3-5）和程序如下：

表 3-5　反应体系

试剂	用量
Total RNA	0.1ng～5μg
Random Primer(0.1μg/μL)	1μL
2×ES Reaction Mix	10μL
RT/RI Enzyme Mix	1μL
gDNA Remover	1μL
RNase-free Water	Up to 20μL

反应程序：25℃，10min；42℃，15min；85℃，5s；hold 16℃。

最后通过相对荧光定量 PCR 来检测不同条件下菌株脱氮基因的表达情况，用于 qRT-PCR 的引物见表 3-6。详细步骤如下：

表 3-6 用于 qRT-PCR 的引物

基因	引物	序列(5'-3')
16S rRNA	16S-F 16S-R	TCGATGCAACGCGAAAAACC ACGCACCATTGTATGACGTG
*catA*1	catA1-F catA1-R	GCTGACCACGCAGATCAATATC ATGCAGGGTGAAGTTGAAGC
*catA*2	catA2-F catA2-R	TGCTTCCATACCGATGCCGATG TGCACGCCGAAGGTGACATC
*catA*3	catA3-F catA3-R	CCTGATGGGCAACTACTCGT GCCGACACGAAGAAGTGGAT
napA	napA-F napA-R	CACCTTTACGCACCGCTCCTTC GCCGATATTGGTCACGCCTTCC
nirS	nirS-F nirS-R	ACATCGTCGCCGAGGTCAAGA TGGTGGTGGTCTTCAGGTTGGA
norB	norB-F norB-R	CTTGGCTTCACGCTGCTGGT ACGACACCGCACCGACGATA
nosZ	nosZ-F nosZ-R	CGGCAAGAAGGTGACGGTGAAG CGAGCGGATTGACGATGAAGTTGA

使用 Tip Green qPCR SuperMix 试剂盒以及 7500 Real-Time PCR System 进行 qRT-PCR。以菌株 T2 的 16s rRNA 为内参，丁二酸钠为碳源生长条件下基因表达量为对照，利用 $2^{-\Delta\Delta Ct}$ 方法进行分析。qRT-PCR 的反应体系（表 3-7）及反应程序如下：

表 3-7 qRT-PCR 反应体系

试剂	用量
Template	10pg-1μg
Forward primer(10μM)	0.4μL
Reverse primer(10μM)	0.4μL
Passive Reference Dye II	0.4μL
2×Tip Green qPCR SuperMix	10μL
ddH_2O	Up to 20μL

反应程序：94℃，30s；94℃，5s；60℃，34s；后两步进行 40 个循环。

同样地，将菌株 T2 接种至好氧反硝化培养基，分别添加丁二酸钠与苯酚作为碳源，后续操作同上，以此来检测不同条件下菌株脱氮基因的表达情况。

苯酚降解关键基因的表达差异如图 3-10 所示。可以看出，与对照相比，菌株以氨氮（NH_4^+-N）作为氮源进行同步脱氮除酚时，苯酚羟化酶大亚基的编码基因 *dmp*N 的表达上调了 265 倍，同时位于苯酚羟化酶基因簇下游并与之相连的邻苯二酚 1,2-双加氧酶的编码基因（*cat*A1）的表达也上调了 183 倍，这表明菌株 T2 的多组分苯酚羟化酶以及邻苯二酚 1,2-双加氧酶在苯酚降解过程中发挥了重要的功能。另一方面，对基因组中另外两个邻苯二酚 1,2-双加氧酶基因（*cat*A2 和 *cat*A3）的表达差异也进行了分析，没有检测到 *cat*A2 基因的表达，而 *cat*A3 的表达量则上调了 3.9 倍，都远低于 *cat*A1 的上调，这说明 *cat*A1 在菌株 T2 的苯酚降解过程中是发挥主要作用的。图 3-9 同样显示了菌株以硝态氮（NO_3^--N）作为氮源进行脱氮除酚时的基因表达差异。同样地，苯酚羟化酶编码基因 *dmp*N 表达上调了 300 倍，而三个邻苯二酚 1,2-双加氧酶编码基因的表达分别上调 91 倍，6 倍和 32 倍，这与之前的结果相似，都是 *cat*A1 发挥主要功能。这些结果表明，菌株 T2 可以利用不同的氮源进行同步脱氮除酚反应，同时证实了菌株降解苯酚通过邻位途径。

脱氮相关基因的表达差异显示在图 3-11 中。与对照相比，当菌株 T2 以苯

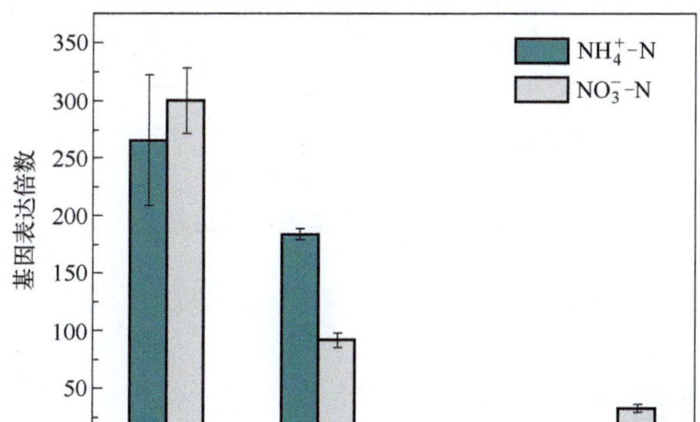

图 3-10　苯酚降解相关基因的表达差异

酚为碳源，以氨氮（NH_4^+-N）为氮源进行同步脱氮除酚时，硝酸盐还原酶编码基因 *nap*A 下调了 3.6 倍，亚硝酸盐还原酶编码基因 *nir*S 下调了 2.9 倍，一氧化氮还原酶编码基因 *nor*B 和一氧化二氮还原酶编码基因 *nos*Z 的表达分别下调了 1.5 和 2.6 倍。而以硝态氮（NO_3^--N）为氮源时，这些基因的表达也是下调，分别下调了 4.9、4.7、2.8 和 2.7 倍。可以看出，苯酚的存在造成这些脱氮基因的表达下调，说明苯酚会对菌株的脱氮作用造成抑制，这与 Eiroa 等[22] 和 Miao 等[23] 人获得的结论一致。同时，Miao 等[23] 发现高浓度的苯酚会明显抑制微生物群落中 *nap*A，*nir*S 和 *nos*Z 等基因的表达，这与本研究的结果是相一致的。另一方面，上述结果也证实了菌株 T2 同步脱氮除酚过程中的好氧反硝化途径为 $NO_3^- \rightarrow NO_2^- \rightarrow NO \rightarrow N_2O \rightarrow N_2$；同时，也说明了在以氨氮为氮源时发生了异养硝化-好氧反硝化反应，说明菌株能够将氨氮（NH_4^+-N）转化成硝态氮（NO_3^--N）。因此，菌株 T2 在同步脱氮除酚过程中可能的脱氮途径为 $NH_4^+ \rightarrow NO_3^- \rightarrow NO_2^- \rightarrow NO \rightarrow N_2O \rightarrow N_2$。

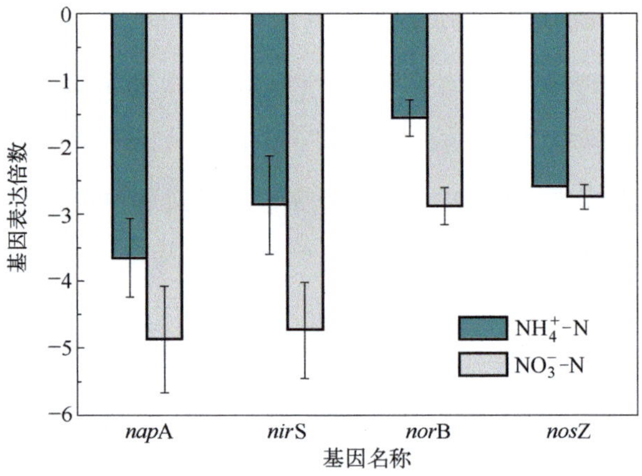

图 3-11　脱氮相关基因的表达差异

3.4 本章小结

（1）利用第三代测序方法对筛选出的菌株进行全基因组测序并对序列进行

分析。测序结果表明菌株 T2 基因组中有多个基因簇涉及苯酚降解的 3 条途径，其中邻位降解途径功能酶的编码基因最为完整。基因组数据显示菌株 T2 的苯酚羟化酶属于多组分苯酚羟化酶，对其大亚基的序列进行分析比对后发现菌株 T2 中的苯酚羟化酶与苯酚具有较高的亲和性。同时，分析结果显示基因组中有多种潜在的功能基因能帮助菌株 T2 对抗苯酚的毒性，包括大量的通用应激蛋白、外排泵蛋白，以及多种分子伴侣、抗氧化蛋白等，这些基因的存在为草酸盐贪铜菌有效地降解苯酚奠定了基础。

（2）基因组测序结果表明菌株 T2 具有亚硝酸盐还原酶和硝酸盐还原酶的编码基因，能够参与好氧反硝化的脱氮过程，同时测得菌株可以有效去除氨氮。然而基因组中没有发现氨单加氧酶与羟胺氧化酶的编码基因。说明菌株 T2 可能存在未知的氨氧化途径或有未注释到的氨氧化酶的编码基因。

（3）实时荧光定量 PCR 的结果表明菌株 T2 在同步脱氮除酚过程中降解苯酚通过邻位途径，同时位于苯酚羟化酶基因簇下游的邻苯二酚 1,2-双加氧酶为主要的开环功能酶。另一方面，苯酚的存在导致脱氮基因的表达下调，说明苯酚会对菌株脱氮产生抑制。通过 qRT-PCR 实验证实了氨氮作为氮源的条件下菌株进行了异养硝化-好氧反硝化作用，推测菌株的脱氮途径为 $NH_4^+ \rightarrow NO_3^- \rightarrow NO_2^- \rightarrow NO \rightarrow N_2O \rightarrow N_2$。

参考文献

[1] Yang L，He T，Chen M，et al. Excellent phenol removal ability of *Acinetobacter guillouiae* BY18 under different inorganic nitrogen conditions [J]. Environmental Technology & Innovation，2024，35：103694.

[2] Zhao T T，Gao Y H，Yu T T，et al. Biodegradation of phenol by a highly tolerant strain *Rhodococcus ruber* C1：Biochemical characterization and comparative genome analysis [J]. Ecotoxicology and Environmental Safety，2021，208.

[3] Su S Y，Liao L，Yu Y，et al. Genomic data mining of an antarctic deep-sea actinobacterium，*Janibacter limosus* P3-3-X1 [J]. Marine Genomics，2019，48：44-47.

[4] Gu Q H，Chen M T，Zhang J M，et al. Genomic analysis and stability evaluation of the phenol-degrading bacterium *Acinetobacter* sp. DW-1 during water treatment [J].

Front Microbiol，2021，12：687511.

[5] Castro-Severyn J，Remonsellez F，Valenzuela S L，et al. Comparative genomics analysis of a new exiguobacterium strain from Salar de Huasco reveals a repertoire of stress-related genes and arsenic resistance [J]. Front Microbiol，2017，8：456.

[6] Zhou W，Guo W，Zhou H，et al. Phenol degradation by *Sulfobacillus acidophilus* TPY via the meta-pathway [J]. Microbiol Res，2016，190：37-45.

[7] Zhang S，Sun W，Xu L，et al. Identification of the para-nitrophenol catabolic pathway，and characterization of three enzymes involved in the hydroquinone pathway，in *Peudomonas* sp. 1-7 [J]. BMC Microbiol，2012，12：27.

[8] Gerginova M，Manasiev J，Yemendzhiev H，et al. Biodegradation of phenol by Antarctic strains of *Aspergillus fumigatus* [J]. Z Naturforsch C J Biosci，2013，68 (9-10)：384-393.

[9] Zhang J J，Liu H，Xiao Y，et al. Identification and characterization of catabolic para-nitrophenol 4-monooxygenase and para-benzoquinone reductase from *Pseudomonas* sp. strain WBC-3 [J]. J Bacteriol，2009，191 (8)：2703-2710.

[10] 彭子欣. 醋酸钙不动杆菌 PHEA-2 苯酚降解调控蛋白 MphR 的功能分析 [D]. 北京：中国农业科学院，2010.

[11] Kageyama C，Ohta T，Hiraoka K，et al. Chlorinated aliphatic hydrocarbon-induced degradation of trichloroethylene in *Wautersia numadzuensis* sp. nov [J]. Arch Microbiol，2005，183 (1)：56-65.

[12] Wirebrand L，Madhushani A W K，Irie Y，et al. Multiple Hfq-Crc target sites are required to impose catabolite repression on (methyl) phenol metabolism in *Pseudomonas putida* CF600 [J]. Environ Microbiol，2018，20 (1)：186-199.

[13] Futamata H，Harayama S，Watanabe K. Group-specific monitoring of phenol hydroxylase genes for a functional assessment of phenol-stimulated trichloroethylene bioremediation [J]. Appl Environ Microbiol，2001，67 (10)：4671-4677.

[14] Li C，Yang J，Wang X，et al. Removal of nitrogen by heterotrophic nitrification-aerobic denitrification of a phosphate accumulating bacterium *Pseudomonas stutzeri* YG-24 [J]. Bioresour Technol，2015，182：18-25.

[15] Zhao B，An Q，He Y L，et al. N_2O and N_2 production during heterotrophic nitrification by *Alcaligenes faecalis* strain NR [J]. Bioresour Technol，2012，116：379-385.

[16] Kuypers M M M，Marchant H K，Kartal B. The microbial nitrogen-cycling network [J]. Nat Rev Microbiol，2018，16 (5)：263-276.

[17] Guan N，Li J，Shin H D，et al. Microbial response to environmental stresses：from

fundamental mechanisms to practical applications [J]. Appl Microbiol Biotechnol, 2017, 101 (10): 3991-4008.

[18] Ramos J L, Sol Cuenca M, Molina-Santiago C, et al. Mechanisms of solvent resistance mediated by interplay of cellular factors in *Pseudomonas putida* [J]. FEMS Microbiol Rev, 2015, 39 (4): 555-566.

[19] Kim J, Park W. Oxidative stress response in *Pseudomonas putida* [J]. Appl Microbiol Biotechnol, 2014, 98 (16): 6933-6946.

[20] Elhosseiny N M, Amin M A, Yassin A S, et al. *Acinetobacter baumannii* universal stress protein A plays a pivotal role in stress response and is essential for pneumonia and sepsis pathogenesis [J]. Int J Med Microbiol, 2015, 305 (1): 114-123.

[21] Garcia V, Godoy P, Daniels C, et al. Functional analysis of new transporters involved in stress tolerance in *Pseudomonas putida* DOT-T1E [J]. Environ Microbiol Rep, 2010, 2 (3): 389-395.

[22] Eiroa M, Vilar A, Amor L, et al. Biodegradation and effect of formaldehyde and phenol on the denitrification process [J]. Water Res, 2005, 39 (2-3): 449-455.

[23] Miao Y, Wang Z, Liao R H, et al. Assessment of phenol effect on microbial community structure and function in an anaerobic denitrifying process treating high concentration nitrate wastewater [J]. Chem Eng J, 2017, 330: 757-763.

第4章

苯酚代谢关键酶及其代谢调控机制

4.1 引言

苯酚及其衍生物被多种微生物降解，包括丝状真菌、酵母菌，特别是细菌。代谢苯酚及其衍生物的细菌大多是从被这些化合物污染的环境中分离出来的。细菌可以在好氧和厌氧条件下代谢酚类化合物。单个酚类化合物通过外围途径转化为有限数量的中心中间产物，这些中心中间产物通过几个中心途径进一步转化为参与三羧酸循环的代谢产物[1]。对酚类化合物的细菌降解菌的深入研究揭示了催化单个反应的酶、编码这些酶的基因以及参与各个基因表达的调节机制。深入了解这些酶的功能及调控机制可以为更高效的苯酚及其衍生物降解剂的开发提供理论基础。

苯酚羟化酶是认为是微生物降解苯酚及其衍生物的限速酶，在大多数情况下，细菌对苯酚及其衍生物的有氧分解代谢起始于利用苯酚羟化酶对芳香环进行羟基化反应，催化苯酚或其衍生物转化为邻苯二酚，根据蛋白质亚基的数量，可将苯酚羟化酶分为三种不同类型：(1) 多组分苯酚羟化酶；(2) 双组分苯酚羟化酶；(3) 单组分苯酚羟化酶，苯酚羟化酶的表达受到特定调控蛋白的调控[2]。苯酚羟化酶是苯酚代谢途径的第一个关键酶，是一种单加氧酶，能够将苯酚及其衍生物加羟基氧化形成邻苯二酚。目前已经发现的苯酚羟化酶有单组分、双组分和多组分三种形式，单组分苯酚羟化酶结构较为简单，是一种 NADPH 依赖型的黄素蛋白单加氧酶，它能利用氧气，以 NADPH 为底物对苯环进行氧化[3]。而多组分苯酚羟化酶结构更复杂并且在环境中具备更多优势，存在于大部分菌种之中[4]。多组分苯酚羟化酶至少由两部分构成，一部分负责芳香环的氧化，另一部分则是还原酶负责将电子从 NAD (P) H 转移到加氧酶上。有些多组分的羟化酶还具有一个负责激活羟化酶的激活蛋白与涉及一个加氧酶活性组装的辅助蛋白[5]。目前报道的多组分苯酚羟化酶主要有双亚基与多亚基形式，其中双亚基苯酚羟化酶只含有单加氧酶与黄素还原酶两种功能蛋白，在自耐热性芽孢杆菌 (*Bacillus thermoglucosidasius*)[6]、混浊红球菌（*Rhodococcus opacus*）[7] 以及谷氨酸棒杆菌（*Corynebacterium glutamicum*）[8] 中都有双亚基苯酚羟化酶报道。多亚基苯酚羟化酶一般由6个亚基组成，每个亚基都由对应的基因编码，其中大亚基活性部位的编码序列是保守。这些基因位于一个操纵子上，其上游序列为苯酚代谢调控蛋白的编码基因(R)，调控基因与操纵子之间有一段非编码区，含有这两部分基因的启动子序列，并且调控基因与苯酚羟化酶基因的转录方向相反[9]。同时苯酚羟化酶基因下游为编码邻苯二酚双加氧酶的基因，而不同类型的邻苯二酚双加氧酶的基因组成形式也有所差异，使得多组分苯酚羟化酶基因有两种类型，一是苯酚羟化酶基因后面连着一个类似于铁氧还蛋白的酶和邻苯二酚2,3-双加氧酶的两个编码基因，例如假单胞菌 *Pseudomonas* sp. CF600[10] 中的苯酚降解基因簇 *dmpKLMNOPQBCDEFGHI*，其中 *dmpKLMNOP* 是多组分苯酚羟化酶的编码基因，*dmpQB* 则是铁氧还蛋白的酶和邻苯二酚2,3-双加氧酶的编码基因，而 *dmpCDEFGHI* 为苯酚间位降解途径后续酶的编码基因。另一种类型则是苯酚羟化酶后面直接连接一个邻苯二酚1,2-双加氧酶的编码基因，例如耐金属贪铜菌 *Cupriavidus metallidurans* CH34[11] 中的苯酚降解基因簇 *phtRABCDEF-catA*，其中 *phtR* 为调控蛋白的编码基因，而 *phtABCDEF* 为6个亚基的苯酚羟化酶基因，*catA* 代表邻苯二酚1,2-双加氧酶的编码基因。

细菌中参与苯酚及其衍生物降解的基因转录调控的各个方面已有大量研究报道。可知编码酚类化合物降解外围途径酶的基因，要么与编码中心分解代谢途径酶的基因成簇存在，要么位于不同的位点，这导致酚类分解代谢各个步骤相关基因的表达存在共同调控和分开调控两种情况。在许多情况下，参与苯酚及其衍生物分解代谢的基因会形成一个操纵子，由相邻基因编码的转录调节因子进行调控。在某些情况下，几个基因簇会形成一个调节子，由一个位于远处的基因编码的调节因子控制。目前报道的多亚基苯酚羟化酶基因簇中，几乎都存在一个 NtrC 型调控蛋白[9]，这类调控蛋白在控制细菌对芳香化合物的降解方面起着重要作用。许多研究表明 NtrC 型调控蛋白为 σ^{54} 型转录因子，它通过结合 σ^{54}-RNAP 依赖型启动子来激活转录，从而调控的降解基因簇的表达。σ^{54} 型启动子广泛存在于各种细菌之中，其调控的基因多涉及应对各种环境压力。σ^{54} 型转录因子能够识别启动子上的－24 和－12 区域，其保守序列为－24 位的 GG 和－12 位的 GC[12]。

本章内容将以同步脱氮除酚菌——草酸盐贪铜菌 T2 为研究对象，探究该菌株苯酚代谢的关键酶苯酚羟化酶的转录调控机制。首先通过基因敲除验证苯酚羟化酶操纵子上游的转录因子 PhtR 的功能。然后分析菌株 T2 中多亚基苯酚羟化酶的启动子序列，确定转录调控蛋白 PhtR 的结合区域。通过大肠杆菌，利用融合绿色荧光蛋白 EGFP 构建含有 phtR 基因和其调控的 σ54 型启动子的重组质粒，验证转录因子 PhtR 的调控功能，确定了启动子活性。然后通过凝胶迁移实验进一步确定转录因子 PhtR 在苯酚羟化酶启动子上的结合区域。此外，利用其他多种酚类物质作为化学效应物诱导，确定了转录调控因子 PhtR 的激活能力。本研究一定程度上丰富了对同步脱氮除酚菌在降解酚类化合物过程中降解基因调控表达分子机制的认识。

4.2　草酸盐贪铜菌 T2 的苯酚羟化酶的转录调控机制

前期研究中已经对菌株 T2 的全基因进行分析，发现菌株 T2 具备多组分苯酚羟化酶，该酶的编码基因簇上游存在一个 σ^{54} 型转录调控因子的编码基因，两者之间有一段非编码区，含有苯酚羟化酶基因和苯酚羟化酶调控基因的启动子序列。苯酚羟化酶的转录调控机制进行研究有助于阐明草酸盐贪铜菌 T2 的苯酚代谢机制。

本章实验对菌株 T2 中苯酚羟化酶的转录调控蛋白 PhtR 的功能及其作用机制进行了研究。首先利用基因编辑的方法对菌株 T2 中苯酚羟化酶基因上游的转录调控因子 *phtR* 基因进行敲除，验证转录调控蛋白 PhtR 是否影响了菌株降解苯酚的效果。然后通过分析菌株 T2 中多亚基苯酚羟化酶的启动子序列，确定转录调控蛋白 PhtR 的结合区域。随即通过大肠杆菌，利用融合绿色荧光蛋白 EGFP 构建含有 *phtR* 基因和其调控的 σ^{54} 型启动子的重组质粒，验证转录因子 PhtR 的调控功能，确定了启动子活性。最后通过凝胶迁移实验

(EMSA) 进一步确定转录因子 PhtR 在 *phtA* 启动子上的结合区域。此外，利用其他多种酚类物质作为化学效应物诱导，确定了转录调控因子 PhtR 的激活能力。本研究一定程度上丰富了对微生物降解酚类化合物过程中降解基因调控表达分子机制的认识。

相关实验所用的菌种、质粒、引物及试剂如下：

(1) 菌株、质粒和引物

本章所用的菌株和质粒见表 4-1。

表 4-1　本章实验用的菌株及质粒

菌株和质粒	特性
C. oxalaticus T2	苯酚降解菌
E. coli DH5α	用于质粒扩增的大肠杆菌菌株
E. coli BL21(DE3)	用于蛋白表达的大肠杆菌菌株
E. coli *WM*3064(*pir*＋,DAP auxotroph)	用于接合转化的大肠杆菌菌株
pETDuet-1	用于蛋白质过表达
pHGM03	自杀质粒,用于基因敲除
pACYCDuet-1	作为构建载体骨架
pAC::PhtR-*PphtA*-EGFP	用于体内验证转录因子功能

本章实验所有引物和探针见表 4-2。

表 4-2　本章实验用的菌株及质粒

引物	序列(5′-3′)	用途
PhtR-5O	GGGGACAAGTTTGTACAAAAAAGCAGGCT GCTGTCCGTACGGATATCG	利用 Gateway 克隆构建 PhtR 突变株
PhtR-3O	GGGGACCACTTTGTACAAGAAAGCTGGGT GGCACTTCCATTCACCTGGC	
PhtR-5I	TCACTTCTTCAGCCG CTCCATCTCCAGAATGCCTG	
PhtR-3I	ATTCTGGAGATGGAG CGGCTGAAGAAGTGACCG	
PhtR-LF	CATACCAGTCCTGCATGACC	
PhtR-LR	CGACGGCTATACGCTGATCA	
p-PhtR-F	tcatcaccacagccaggatccgATGACCGCGCCCCCCAAG	构建 pAC::PhtR-*PphtA*-EGFP
p-PhtR-R	aagccccgatTCACTTCTTCAGCCGATACGC	
R-PphtA-F	aagaagtgaATCGGGGGCTTGGCCAAC	
R-PphtA-R	ttgctcaccatGTTGCACACCGATGGGTGC	

续表

引物	序列(5′-3′)	用途
RP-EGFP-F	gtgtgcaacATGGTGAGCAAGGGCGAGG	构建 pAC::PhtR-*PphtA*-EGFP
RP-EGFP-R	atcgcgtggccggccgatatcTTACTTGTACAGCTCG TCCATGCC	
pET-PhtR-F	GGATCCGATGACCGCGCCC	过表达 PhtR
pET-PhtR-R	GCGATATCTCACTTCTTCAGCCGATAC	
探针	CACCGGATTTGATCATTTGGTGAAAACCGGCTTTTTCA CCTCATCAAATC	5'端带有 biotin 标签

注：双下划线为 Gateway 克隆的重组位点序列；单下划线为限制性内切酶切割位点。

(2) 培养基及实验试剂配制

(a) 培养基及试剂：

LB 培养基与 MSM 培养基配方见本书第 2 章。

Amp 母液（100mg/mL）：100mg 氨苄青霉素，溶解于 1mL 去离子水中，0.22μm 滤膜过滤除菌，保存于 4℃。

CmR 母液（50mg/mL）：50mg 氯霉素，溶解于 1mL 95%乙醇中，0.22μm 滤膜过滤除菌，保存于 4℃。

IPTG 母液（1mmol/L/mL）：称取 0.2383g IPTG 粉末溶解于 1mL 去离子水中并用 0.22μm 滤膜过滤除菌，保存于−20℃。

(b) SDS-PAGE 相关溶液的配制：

根据目的蛋白分子质量大小选择合适的 SDS-PAGE 分离胶的浓度（表 4-3）：

表 4-3　SDS-PAGE 分离胶的浓度

分离胶浓度/%	最佳分离范围/kDa
5	60～200
6	50～150
8	30～90
10	20～80
12	12～60
15	10～40

配制 5mL 不同浓度分离胶所需各成分体积见表 4-4。

表 4-4 配制 5mL 不同浓度分离胶所需各成分体积　　单位：mL

分离胶浓度	5%	6%	8%	10%	12%	15%
蒸馏水	2.77	2.6	2.3	1.9	1.6	1.1
30%Acr-Bis(29:1)	0.83	1.0	1.3	1.7	2.0	2.5
下层胶缓冲液(4×)	1.3	1.3	1.3	1.3	1.3	1.3
10% 过硫酸铵	0.05	0.05	0.05	0.05	0.05	0.05
TEMED	0.004	0.004	0.003	0.002	0.002	0.002

配制不同体积 5%SDS-PAGE 浓缩胶所需各成分的体积见表 4-5。

表 4-5 配制不同体积 5%SDS-PAGE 浓缩胶所需各成分的体积

单位：mL

5%SDS-PAGE 体积	1mL	2mL	3mL	4mL	6mL	8mL	10mL
蒸馏水	0.68	1.4	2.1	2.7	4.1	5.5	6.8
30%Acr-Bis(29:1)	0.17	0.33	0.5	0.67	1.0	1.3	1.7
下层胶缓冲液(4×)	0.25	0.5	0.75	1.0	1.5	2.0	2.5
10% 过硫酸铵	0.01	0.02	0.03	0.04	0.06	0.08	0.1
TEMED	0.001	0.002	0.003	0.004	0.006	0.008	0.01

Tris-Glycine 电泳缓冲液：称取 15.1g Tris，94.0g L-Glycine，5.0g SDS，加入 800mL 去离子水溶解，调节 pH 至 8.0 后定容至 1 L。

蛋白电泳染色溶液：称取 1.0 g 考马斯亮蓝溶解于 250mL 异丙醇中，再量取 100mL 乙酸，650mL 去离子水，全部混合均匀，室温保存。

蛋白电泳脱色液：按 5∶4∶1 的体积比例量取乙醇、去离子水及乙酸，均匀混合后备用。

(c) 蛋白纯化相关溶液的配制：

6mol/L 盐酸胍/0.2mol/L 乙酸：吸取 1.44mL 乙酸溶解于 100mL 超纯水中，配成 0.2mol/L 乙酸溶液；称取 57.318g 盐酸胍，加适量 0.2mol/L 乙酸溶液溶解后，用 0.2mol/L 乙酸溶液定容至 100mL。

Stripping Buffer (pH 8.0)：6.056g/L $Na_2HPO_4 \cdot 12H_2O$，0.499g/L $NaH_2PO_4 \cdot 2H_2O$，29.22g/L NaCl，18.61g/L $Na_2EDTA \cdot 2H_2O$。

0.1 mol/L $NiSO_4$：称取 2.628g $NiSO_4 \cdot 6H_2O$ 溶解于去离子水中后定容至 100mL。

Binding Buffer（20mmol/L 咪唑，pH7.4）：3.12g/L $NaH_2PO_4 \cdot 2H_2O$，29.22g/L NaCl，1.362g/L 咪唑。

50mmol/L Imidazole Washing Buffer（pH7.4）：3.12g/L $NaH_2PO_4 \cdot 2H_2O$，29.22g/L NaCl，3.404g/L 咪唑。

100mmol/L Imidazole Washing Buffer（pH7.4）：3.12g/L $NaH_2PO_4 \cdot 2H_2O$，29.22g/L NaCl，6.808g/L 咪唑。

200mmol/L Imidazole Washing Buffer（pH7.4）：3.12g/L $NaH_2PO_4 \cdot 2H_2O$，29.22g/L NaCl，13.616g/L 咪唑。

300mmol/L Imidazole Washing Buffer（pH7.4）：3.12g $NaH_2PO_4 \cdot 2H_2O$，29.22g/L NaCl，20.424g/L 咪唑。

500mmol/L Imidazole Washing Buffer（pH7.4）：3.12g $NaH_2PO_4 \cdot 2H_2O$，29.22g/L NaCl，34.04g/L 咪唑。

20% ethanol：量取 200mL 100%乙醇，加 800mL 去离子水，定容至 1L。

溶液配制完成后将溶液通过 0.22μm 滤膜抽滤以去除杂质不溶物，溶液使用前利用超声波脱气。

蛋白透析液：3.12g/L $NaH_2PO_4 \cdot 2H_2O$，29.22g/L NaCl，20%甘油。

（d）EMSA 实验相关溶液的配制

Annealing Buffer（pH 7.5～8.0）：1.21g/L Tris，2.92g/L NaCl，0.292g/L EDTA。

按照配方依次加入各组分配制非变性胶（表 4-6）：

表 4-6　配方组分

试剂	体积/mL
ddH_2O	4.1
30% Acr-Bis	2.0
1mol/L Tris(pH8.8)	3.8
10%过硫酸铵	0.1
TEMED	0.008

4.2.1 转录调控因子 PhtR 的功能分析

前期研究中已经对草酸盐贪铜菌 T2 的全基因组进行了分析，发现该菌株具有一个编码多组分苯酚羟化酶的操纵子 *phtRABCDEF*，下游与之相邻的基因序列为邻苯二酚 1,2-双加氧酶的编码基因 *catA*。草酸盐贪铜菌 T2 降解苯酚的蛋白组学数据显示，与对照组以葡萄糖为碳源生长的菌株相比，菌株 T2 同步脱氮除酚过程中调控蛋白 PhtR，苯酚羟化酶的 4 个亚基 PhtBCDF 以及邻苯二酚 1,2-双加氧酶的表达都有显著上调（图 4-1）。这说明该操纵子 *phtRABCDEF* 的功能与苯酚的代谢密切相关。

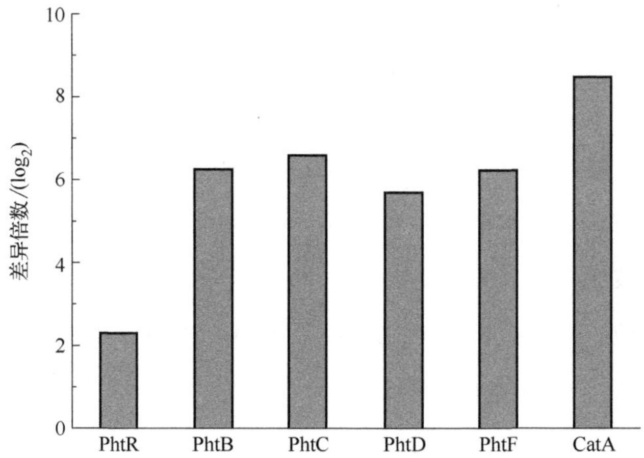

图 4-1　菌株 T2 同步脱氮除酚苯酚降解相关酶的蛋白表达差异

为了进一步揭示苯酚羟化酶基因操纵子的作用机制，需要先确定该操纵子的转录调控因子，对的潜在转录调控因子 PhtR 的功能进行验证，确定该调控因子的功能涉及菌株 T2 降解苯酚。首先，按照以下方法构建转录调控蛋白基因 *phtR* 敲除的突变株：查找 *C. oxalaticus* T2 基因组序列，获得转录调控蛋白 PhtR 以及该基因上下游的碱基序列。使用 Gateway 克隆构建基因敲除质粒：根据获得的碱基序列来设计引物，克隆 *phtR* 基因上、下游各 700bp 左右的序列，并且上游序列的 5’端和下游序列的 3’端都有添加 attB 重组位点；将上、下游两段同源臂融合，利用 Gateway BP 克隆酶连接到含有 attP 重组位点的自杀质粒 pHGM03 上，然后将重组质粒转化到 *E. coil* WM3064（*pir*＋，DAP auxotroph）中进行保存。使用接合转化的方法将质粒转化到 *C. oxalaticus* T2 中：首先将携带质粒的 *E. coil* WM3064 与 *C. oxalaticus* T2 分别培养至 OD600 到 0.4 左右，取 4mL 的供体菌株 *E. coil* WM3064 与 2mL 的受体菌株 *C. oxalaticus* T2 分别在 8000r/min 离心 2min 收集菌体，使用 200μL 的 LB 培养基将受体菌与供体菌混匀，再将菌液均匀地涂在 0.2μm 的滤膜上，放置在添加有 DAP（二氨基庚二酸，diaminapimcate auxtroph）的 LB 培养基上 30℃过夜培养，然后用 2mL 的 LB 培养基将滤膜上的菌体冲洗下来后取 100μL 涂布至添加有庆大霉素的 LB 平板上，30℃培养 24 h。挑取平板上的橙色菌落进行菌落 PCR 验证单交换；将单交换菌落挑至 LB 培养基中 30℃，200r/min 培养 2 h 后，添加 10mmol/L 阿拉伯糖诱导归位内切酶 I-*Sce*I 酶切进行同源重组，过夜培养后在 LB 平板上划线，出现菌落后再进行菌落 PCR 验证 phtR 敲除成功的突变株。

分别测定 *pht*R 基因敲除的突变株 ΔPhtR 与野生型菌株 T2 苯酚降解能力，结果如图 4-2 所示。可以看出，野生型菌株能够在 54h 内完全降解 600mg/L 的苯酚，而敲除了转录调控蛋白 PhtR 的突变株失去了苯酚的分解代谢能力，无法有效去除苯酚，整个培养阶段苯酚的浓度维持在初始浓度水平，未被降解。这说明了转录调控蛋白 PhtR 是草酸盐贪铜菌 T2 降解苯酚的关键

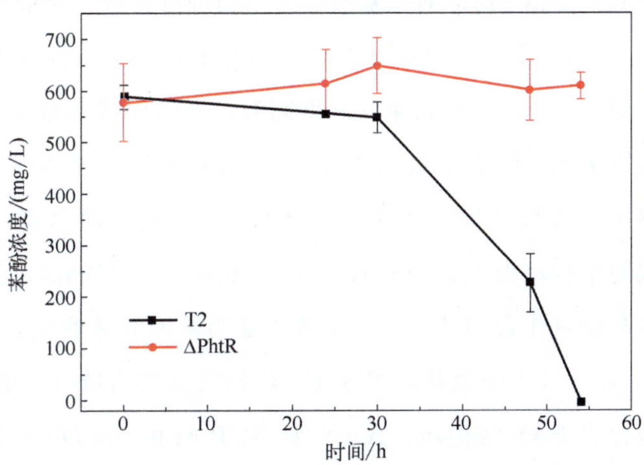

图 4-2　草酸盐贪铜菌 T2 突变株 ΔPhtR 与野生型菌株苯酚降解效果对比

调控因子，控制了菌株苯酚羟化酶的转录与表达。

明确了转录调控因子 PhtR 的功能，需要进一步分析该蛋白的调控作用机制，对该转录因子的编码基因序列进行了初步分析，经过基因序列比对可知 phtR 基因是编码 NtrC 家族转录调控因子蛋白，其含有 541 个氨基酸残基，预测分子量约为 61 kDa。将菌株 T2 中苯酚降解调控蛋白 PhtR 的蛋白序列与其他报道过的多亚基苯酚羟化酶的调控蛋白序列进行比较，发现 PhtR 与 DmpR、MopR、AphR、MphR、XylR、PhlR 的一致性分别为 47.90%、46.75%、47.84%、44.81%、46.86%、43.63%，与 PhcR 没有明显的相似性。利用这些调控蛋白的序列构建系统发育树（图 4-3），发现菌株 T2 与上述调控蛋白的差异较大，具有较远的进化关系。

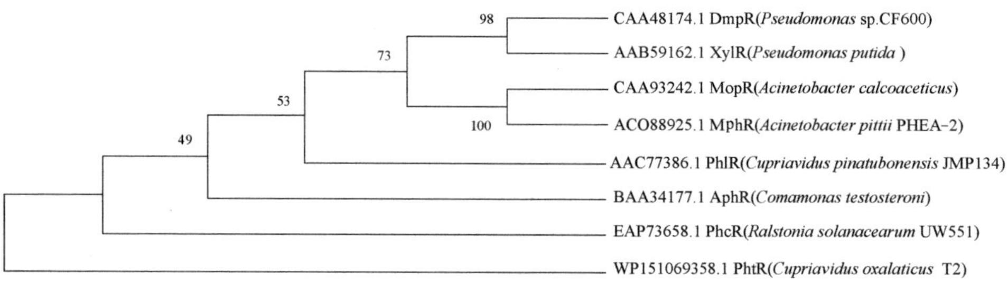

图 4-3　PhtR 与其他相关转录调控蛋白的系统发育树

利用 NCBI 上的 Conserved Domain Search Service（CD Search）功能对苯酚羟化酶转录调控蛋白 PhtR 的氨基酸序列结构进行分析，结果如图 4-4 所示。通过分析可知，PhtR 蛋白主要由 3 个保守域组成，第 12～114 个氨基酸组成的保守域（A 域）与 XylR-N 超家族高度同源，该结构域通常位于多种变形菌中 σ54 依赖型转录激活因子子集的 N 端，包括苯酚降解激活因子，其作用通常为识别和感应效应物信号，是芳香化合物分解代谢的激活器。第 129～187 个氨基酸组成的结构域为 V4R（vinyl 4 reductase）域（B 域），是一种小分子结合域，可以与碳氢化合物结合。此区域可能为苯酚等芳香化合物与 PhtR 的结合区域。第 230～541 个氨基酸组成 RocR 超家族结构域（C 域），此转录调节因子结构包含了 PAS 结构域、AAA 型 ATP 酶和 Fis DNA 结合域，能够为调控蛋白激活降解基因转录提供能量，同时与启动子结合。通过对 PhtR 蛋白结构域分析，可知转录调控因子 PhtR 是一种可以结合苯酚作为效应物，通过 ATP 水解来提供能量，并结合在 DNA 上启动转录的激活蛋白。

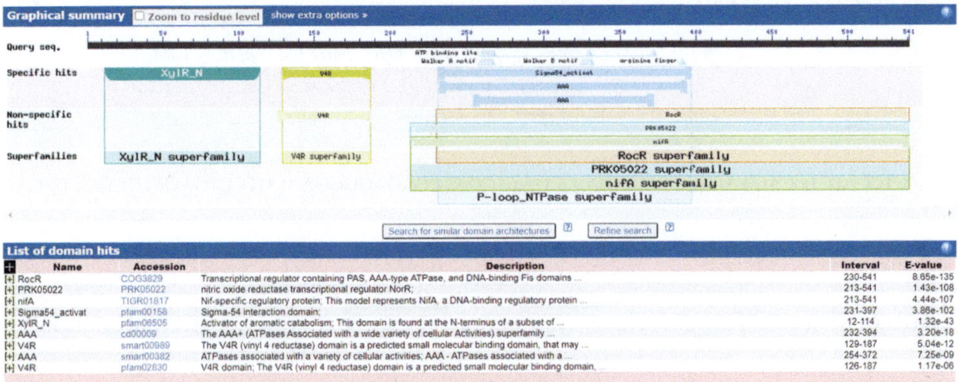

Name	Accession	Description	Interval	E-value
[+] RocR	COG3829	Transcriptional regulator containing PAS, AAA-type ATPase, and DNA-binding Fis domains ...	230-541	8.65e-135
[+] PRK05022	PRK05022	nitric oxide reductase transcriptional regulator NorR;	213-541	1.43e-108
[+] nifA	TIGR01817	Nif-specific regulatory protein; This model represents NifA, a DNA-binding regulatory protein ...	213-541	4.44e-107
[+] Sigma54_activat	pfam00158	Sigma-54 interaction domain;	231-397	3.86e-102
[+] XylR_N	pfam06505	Activator of aromatic catabolism; This domain is found at the N-terminus of a subset of ...	12-114	1.32e-43
[+] AAA	cd00009	The AAA+ (ATPases Associated with a wide variety of cellular Activities) superfamily ...	232-394	3.20e-18
[+] V4R	smart00989	The V4R (vinyl 4 reductase) domain is a predicted small molecular binding domain, that may ...	129-187	5.04e-12
[+] AAA	smart00382	ATPases associated with a variety of cellular activities; AAA - ATPases associated with a ...	254-372	7.25e-09
[+] V4R	pfam02830	V4R domain; The V4R (vinyl 4 reductase) domain is a predicted small molecular binding domain, ...	126-187	1.17e-06

图 4-4　转录调控蛋白 PhtR 的保守域分析

4.2.2　苯酚羟化酶基因 *phtA* 启动子区域分析

由菌株 T2 的全基因组测序结果可知，多亚基苯酚羟化酶的编码基因与苯酚代谢调控因子 *phtR* 的基因转录方向相反，苯酚羟化酶第一个亚基 *phtA* 与转录调控因子 *phtR* 之间有一段 341 bp 的序列（图 4-5）。据文献报道[13]，这段 341 bp 的序列中包含了 *phtA* 与 *phtR* 的启动子。同时，由文献可知，σ^{54} 型启动子的保守碱基为−12 位 GC 和−24 位的 GG[12]，推测出−12 序列位于 *phtA* 起始密码子上游 62 个碱基附近，而−24 序列位于 *phtA* 起始密码子上游 74 个碱基附近。根据−24 与−12 序列的位置推测出 *phtA* 起始密码子上游 49 个碱基附近的 TCTCACCA 序列中的 A 碱基是可能的转录起始位点（Transcription Start Sites，TSS）。根据文献报道，所有的−24，−12 启动子都受转录激活因子正调控，这些激活因子通常与位于启动子上游异常远（100～200bp）的特定 DNA 序列结合。而且结合序列通常是反向重复序列，这些区域被称为上游激活序列（Upstream Activation Sequences，UAS）、上游调节序列或增强子序列，因为它们像真核增强子一样，在某些情况下，当它们远离目标启动子几千个碱基时，仍然能起作用[14,15]。利用回文序列分析网站对图

4-5 中—24，—12 启动子上游序列进行分析，发现转录起始位点上游 100bp 以上，有一段长度为 45bp 的区域中存在两个反向重复序列，并且推测这段序列就是 *phtA* 启动子的上游激活序列。

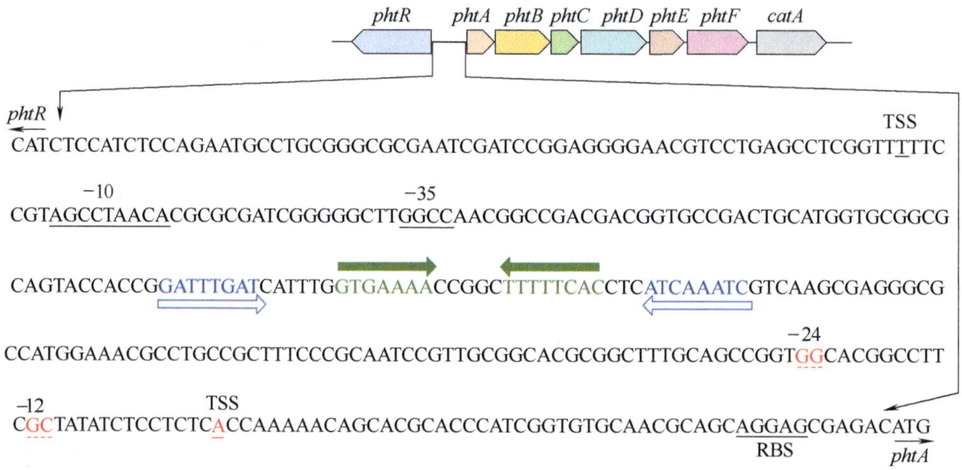

图 4-5　草酸盐贪铜菌 T2 中 *phtA* 基因与 *phtR* 基因间的序列以及提出的调控元件

根据文献报道 *phtR* 基因的启动子为 σ^{70} 型启动子，使用在线分析软件 SoftBerry 对其启动子序列进行预测。结果显示该启动子的转录起始位点（TSS）位于 *phtR* 起始密码子上游 64bp 处，同时预测出 *phtR* 基因启动子的—35 区和—10 区序列（图 4-5）。

4.2.3　转录因子 PhtR 激活苯酚羟化酶基因启动子

为了进一步验证转录调控蛋白 PhtR 能够同预测的启动子 *PphtA* 结合，并且会激活启动子的转录。本章实验利用 *phtR* 基因序列、*phtA* 起始密码子上游一段 240bp 包含 *phtA* 启动子的序列以及绿色荧光蛋白 EGFP 基因序列，共同构建了一个 regulator-promoter-reporter 系统，构建含有转录调控因子、启动子序列及报告基因的质粒具体的操作方法如下：

（1）线性化载体制备

选择 *BamHI* 和 *EcoRV* 作为酶切位点，利用内切酶对质粒 pACYCDuet-1 进行双酶切，酶切体系如表 4-7：

表 4-7　酶切体系

试剂	用量
10×Fast Digest Buffer	5μL
pACYCDuet-1	100ng
FastDigest EcoRV	2μL
FastDigest BamHI	2μL
ddH_2O	to 50μL

酶切反应 37℃，15min；酶失活 85℃，5min。双酶切完成后，利用 2%琼脂糖凝胶检测并回收酶切产物，电泳条件为 120V，35min。通过 Gel-Red 染色 10min 后，利用试剂盒对目的片段进行胶回收。

(2) 插入片段获得

利用非连接酶依赖型的多片段一步克隆技术进行多片段连接。首先根据插入片段的序列设计引物，利用诺唯赞官网下载引物设计软件 CE Design 生成插入片段的扩增引物（见表 4-2）。设计的总原则为：通过在引物的 5’端引入同源序列，使得扩增产物之间以及扩增产物与线性化克隆载体之间都具有能够相互同源重组的完全一致的序列（15～20bp，不包括酶切位点）。

以草酸盐贪铜菌 T2 的基因组以及绿色荧光蛋白 EGFP 的基因序列为模板，利用高保真酶进行 PCR 扩增，对相应片段进行纯化后测定其核酸浓度。

(3) 重组反应

重组反应体系最适 DNA 使用量为每个片段（包括线性化载体）各 0.03 pmol。计算各组分所需的量，按照表 4-8 体系进行重组反应，X 和 Y 是计算得到载体用量和各插入片段用量。

表 4-8　重组体系

组分	体积/μL
线性化载体 pACYCDuet-1	X
n 个插入片段	Y_1-Y_n
5×CE MultiS Buffer	4
Exnase MultiS	2
ddH_2O	to 20μL

使用移液器将反应液轻轻吸打混匀，37℃反应30min，然后降至4℃或立即置于冰上冷却。

(4) 重组产物转化

在冰上解冻克隆用的化学感受态细胞（DH5α），取10μL重组产物加入到100μL感受态细胞中，轻弹管壁混匀（请勿振荡混匀），冰上静置30min。42℃水浴热激45s后，立即置于冰上冷却2～3min。加入500μL LB培养基，在摇床中37℃培养1h。取100μL菌液均匀涂在含有50μg/mL氯霉素（CmR）的LB平板上，在37℃培养箱中培养12～14h。挑取阳性克隆子至10μL灭菌水中，利用菌落PCR扩增插入片段，菌落PCR反应体系如表4-9：

表4-9 反应体系

试剂	用量/μL	温度	时间	
Green Taq Mix	13	95℃	5min	
菌液	2	95℃	15s	
T7-F	1	55℃	15s	×30
T7t-R	1	72℃	3min	
ddH_2O	8	72℃	5min	

将测序正确的菌液接种到添加抗生素的LB液体培养基（50μg/mL CmR），保种以进行后续实验。构建结果如图4-6所示。在该系统中，报告基因绿色荧光蛋白EGFP受到*PphtA*启动子控制，通过添加诱导物如苯酚来观察转录调控蛋白PhtR与启动子的结合情况，根据绿色荧光蛋白EGFP的表达量来判断PhtR与启动子*PphtA*的结合作用。

构建完成后，按照以下方法将构建完成的质粒转化到BL21（DE3）中，测定重组菌的荧光值，同时测定菌液的OD_{600}，计算两者比值fluorescence/OD_{600}（Flo/ OD_{600}）[16]：将重组载体转入大肠杆菌BL21（DE3）中，待重组菌株生长至对数期时（OD_{600}在0.8左右），分别添加1mmol/L IPTG、1mmol/L苯酚以及同时添加1mmol/L IPTG和1mmol/L苯酚作为诱导剂，未添加诱导剂的作为对照，诱导5h。分别测定菌体在波长为488nm激发光，597nm发射光下的荧光值，并且同时测定菌液的OD_{600}。绿色荧光蛋白的表达情况可以反映出转录调控蛋白PhtR的激活是否受到苯酚的诱导。

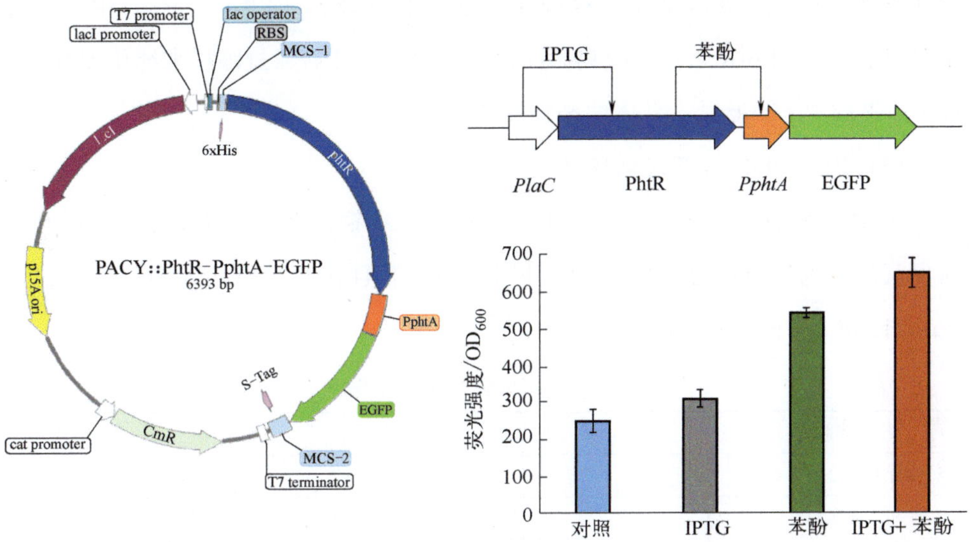

图 4-6 质粒调控因子-启动子-报告基因的构建以及 PhtR 对启动子 *PphtA* 作用研究

结果如图 4-6 所示，可以看出，在 IPTG 的诱导条件下，菌株 Flo/OD_{600} 值与对照相比略有提升，没有显著差异；而在 2mmol/L 苯酚诱导下，重组菌的 Flo/OD_{600} 值超过未添加诱导物的对照的两倍，两组数据有显著差异（$P<0.05$）。在添加了两种诱导物 IPTG 和苯酚的情况下，菌株 Flo/OD_{600} 值相比未添加诱导条件的菌株也表现出明显的提升，而与只添加了苯酚诱导的菌株相比，Flo/OD_{600} 值也有一定的增加。结果说明了苯酚降解调控蛋白 PhtR 在苯酚的诱导下可以在大肠杆菌中激活苯酚羟化酶基因启动子 *PphtA* 的转录活性。当苯酚不存在时，过量表达的苯酚降解调控蛋白 PhtR 对苯酚羟化酶基因启动子 *PphtA* 的激活作用不明显。实验结果证实了转录调控因子 PhtR 是苯酚羟化酶基因的正调控蛋白；*PphtA* 启动子是诱导型启动子，在苯酚和 PhtR 的激活下能增强转录作用。

4.2.4 调控蛋白与启动子 *PphtA* 的结合

利用大肠杆菌对转录因子 PhtR 与 *PphtA* 启动子的作用机制进行了体内验证，还需要在体外对调控蛋白与启动子序列的结合作用进行验证。首先需要构建 PhtR 蛋白的表达质粒，将构建好的质粒转化到 BL21（DE3）中，通过 IPTG 诱导表达 PhtR 蛋白。收集菌体提取蛋白质，然后通过镍柱来纯化带有 6× His 标签的 PhtR 蛋白，具体的操作步骤如下：

（1）构建 PhtR 异源表达质粒

① 使用引物对 pET-PhtR-F/R，以草酸盐贪铜菌 T2 基因组为模板，利用高保真酶扩增转录调控因子 *phtR* 基因序列，并且在两端引入限制性酶切位点 *Bam* HI 和 *Eco* RV。反应体系及程序如表 4-10：

表 4-10 反应体系及反应程序

试剂	用量/μL	反应程序：		
高保真酶 KOD Mix	25	温度	时间	
基因组	1	98℃	5min	
pET-PhtR-F	2	98℃	10s	×30
pET-PhtR-R	2	54℃	5s	
ddH_2O	to 50(即补充至 50μL)	68℃	10s	

② 对 PCR 扩增片段使用 2%琼脂糖凝胶电泳，利用试剂盒回收目标片段，回收得到的 DNA 片段通过 polyA 加尾反应后连接到 pEASY-T1 载体上，加尾及连接反应体系如表 4-11：

表 4-11 加尾及连接反应体系

试剂	体积/μL
rTaq	0.25
10×PCR buffer	1
dNTP	2
胶回收产物	6.25
72℃，20min	
pEASY-T1 载体	1
加 polyA 尾后产物	4
25℃，20min	

将连接产物转化到大肠杆菌 DH5α 中，通过 Amp（100μg/mL）抗性筛选阳性克隆菌落。通过菌落 PCR 检测阳性克隆并送测序验证，菌落 PCR 反应如表 4-12：

表 4-12　PCR 反应

试剂	用量/μL	温度	时间	
Green Taq Mix	13	95℃	5min	
菌液	2	95℃	15s	×30
M13F	1	55℃	15s	×30
M13R	1	72℃	2min	×30
ddH_2O	8	72℃	5min	

将测序正确的菌落菌液接种到 LB 液体培养基（添加 100μg/mL Amp），使用甘油管保种。

③ 利用质粒提取试剂盒提取上述菌液质粒，使用限制性内切酶对该质粒以及 pETDuet-1 载体进行双酶切，回收目的片段，然后利用 T4 连接酶连接两个片段。双酶切体系及反应程序同 4.2.3；连接体系如表 4-13：

表 4-13　连接体系

试剂	体积/μL
T4 Ligase Solution I	5
回收后片段	3
回收后载体	2
16℃，30min	

连接结束后，按之前方法将产物转化到大肠杆菌 DH5α 感受态细胞中，利用菌落 PCR 检验阳性克隆，测序验证序列，然后将正确序列的重组质粒转化至大肠杆菌 BL21（DE3）感受态细胞中。表达得到的 PhtR 蛋白质会带有一个 6×His 标签便于后续纯化。

④ 将含有 PhtR 表达质粒的重组菌株活化，再以 1%的接种量接种至 LB 培养基中，37℃培养 2～3h 至 OD_{600} 为 0.6 左右，然后添加 IPTG 至终浓度为 1mmol/L，在 26℃下培养 12h 诱导 PhtR 蛋白表达。

⑤ 使用细菌蛋白提取试剂盒提取 IPTG 诱导后的蛋白。5000g，10min 收集菌体，用 1×PBS 缓冲液冲洗沉淀，将细菌沉淀每 100mL 菌体培养物（OD_{600}=1 时）重悬于 4mL 的 1×Cell lysis buffer 中。加入 40μL PMSF 和 80μL Lysozyme，37℃孵育细菌悬浮液 60min。然后将混合物在摇床孵育

10min。加入 20μL DNase/RNase，37℃下继续在摇床上孵育 10min。4℃下 3000g 离心 30min，去除沉淀不溶物，将含有目的蛋白的细胞裂解液收集到干净的试管中。

(2) 镍柱纯化 PhtR 蛋白

使用镍柱 Ni-NTA 层析的方法从上述步骤得到的细胞裂解液中来纯化目标蛋白质。蛋白纯化开始前，将蛋白样品过 0.22 nm PES 膜去除不溶物。整个过程应避免引入气泡，将进样泵更换到新体系前应先关闭泵。纯化过程如下：

① 连接设备，设定流速 5mL/min，使用超纯水冲洗系统 5min，确保体系中没有气泡。

② 将 NI-NTA 镍柱连接至系统，继续用超纯水冲洗 5min。

③ 2 倍体积的 6mol/L 盐酸胍/0.2mol/L 乙酸溶液冲洗柱子，去除残留蛋白质。然后用 5 倍体积超纯水冲洗柱子。

④ 5 倍体积 Stripping buffer 冲洗柱子，去除镍离子及残留的杂质蛋白。然后用 5 倍体积超纯水冲洗。

⑤ 利用 0.1mol/L $NiSO_4$ 再生镍柱 5～8min。再生完成后，用 5 倍体积超纯水冲洗去除未结合镍离子。

⑥ 5 倍体积 Binding buffer 冲洗。然后将过膜后的蛋白样品上样，上样完成后用 binding buffer 冲至基线平，收集流出液。

⑦ 分别用浓度为 50mmol/L，100mmol/L，200mmol/L，300mmol/L，500mmol/L 咪唑的 Washing buffer 冲洗镍柱，浓度由小至大，收集洗脱液，待基线平稳后更换下一个浓度的 buffer。

⑧ 5 倍体积的 Binding buffer 冲洗柱子。然后再用超纯水冲洗系统至基线平稳。

⑨ 利用 20%乙醇溶液冲洗系统至基线平稳，然后将镍柱卸下。再用超纯水冲洗系统。

⑩ 按照说明书使用 Bradford 法测各组分蛋白浓度。

(3) SDS-PAGE 检测蛋白

① 取蛋白样品 20μL，添加 5μL 5×SDS Gel-loading buffer 上样缓冲液，

混匀后煮沸 5min。

② 使用 SDS-PAGE 凝胶配制试剂盒及配套玻璃板制备蛋白胶。PhtR 蛋白大小预测为 62 kDa，选用 10%分离胶进行配置。制胶过程在通风橱中进行。

③ 安装固定好玻璃板后，混匀配置完成的 10%的分离胶，用移液枪加入到制胶板内中，添加量约为玻璃板的 2/3。随后从中间到两边滴加 1mL 异丙醇用于压平分离胶，等待 30min。

④ 在分离胶充分凝固后，倒去上层异丙醇，用水冲洗后，再用滤纸小心吸走多余水分。再按照说明书在通风橱中制备浓缩胶，混匀后再用移液器加到玻璃板中到填满，然后小心插入大小合适的制孔梳子，等待 30min 凝固。

⑤ 待浓缩胶充分凝固后缓慢拔出梳子，再将制备好凝胶的玻璃板拆卸下来，装入垂直电泳槽中，使用 1×Tirs-Glycine 电泳缓冲液加至液面没过玻璃板。

⑥ 用移液枪将第①步中煮沸后的混合液小心加入胶孔中上样。

⑦ 先设定 90V 电压电泳 30min 后，调节电压至 120 V 再进行电泳约 1 h，当下方的指示线至凝胶末端时结束电泳。

⑧ 电泳结束后取出玻璃板，小心剥离蛋白胶。将取下的蛋白胶浸泡于考马斯亮蓝蛋白染色液中进行染色。可先在微波炉中加热 10 s，再取出在震荡仪上染色 30min。

⑨ 染色结束后将蛋白胶转移至脱色液中，振荡脱色 1 h 后，将蛋白胶转移至去离子水中，过夜脱色。

⑩根据 SDS-PAGE 检测结果，确定含有目的蛋白的洗脱液。将洗脱液加入透析袋中（透析袋使用前先煮沸 10min），用夹子将透析袋两端封口。准备蛋白透析液，将透析袋浸入蛋白透析液中，4℃下过夜。取出透析袋，此时洗脱液中咪唑已被去除，将透析袋中蛋白溶液保存至−80℃冰箱待用。

转录蛋白 PhtR 的蛋白纯化结果如图 4-7A 所示。从 SDS-PAGE 显示的结果可以看出，通过 200mmol/L 咪唑浓度的洗脱液洗脱下来的带有 6×His 标签的 PhtR 蛋白大小约为 62kDa，这与之前预测的蛋白大小相近，表明获得了目标蛋白。同时，使用 Bradford 法对纯化的蛋白浓度进行了测定，结果测得纯化的蛋白浓度约为 1.3mg/mL。

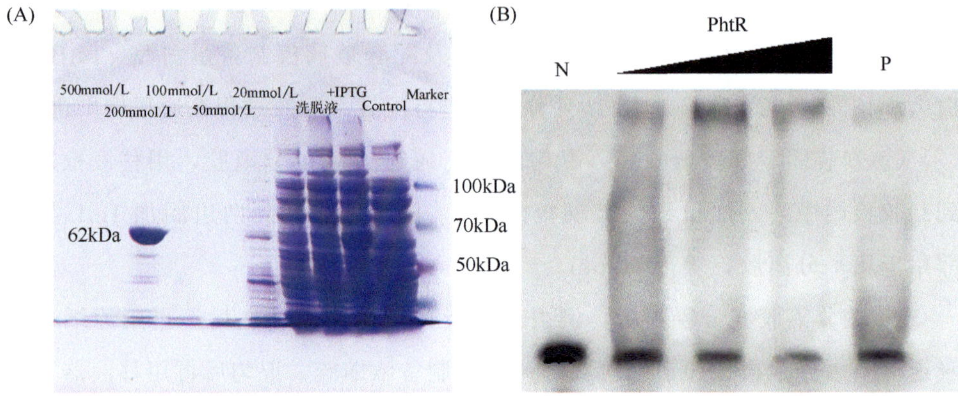

图 4-7 （A）SDS-PAGE 检测蛋白；（B）EMSA 检测 PhtR 与启动子序列结合

注：“N”代表反应体系中未添加 PhtR 蛋白；“P”代表添加了过量无生物素标记的竞争性探针；中间三角形表示 PhtR 蛋白的添加量依次增加

此外，在本章前面对启动子的分析结果中，推测了一段启动子上游激活序列（UAS）。利用这段序列设计含有生物素标记的探针，利用凝胶迁移实验（EMSA）来验证纯化的 PhtR 蛋白与启动子上游激活序列的结合，详细步骤如下：

（1）探针制备

合成的探针为单链 DNA，使用前需要对探针引物对进行退火使其成为 DNA 双链。加入适量 Annealing Buffer 将各管单链探针配置成 10 pmol/μL 的溶液。然后再将上述正反链溶液分别混匀，利用 Annealing Buffer 配置母液，biotin-labeled 探针母液的终浓度为 1pmol/μL，unlabeled 的探针终浓度为 2pmol/μL。通过 PCR 仪对母液进行退火，程序设定为 95℃，5min；70℃，20min；然后取出自然冷却至室温。

（2）EMSA 结合反应

将 biotin labeled 探针稀释至 10 fmol/μL（1μL 母液＋99μL Annealing Buffer）。按表 4-14 配制 EMSA 结合反应体系：

配制完成后室温静置 30min 进行结合反应。反应完成后各样品中加入 5μL 5×loading buffer 混匀。

表 4-14　配制 EMSA 结合反应体系

	阴性对照	实验组	阳性对照
超纯水	12μL	to 20μL	to 20μL
10×Binding buffer	2μL	2μL	2μL
1μg/μL Poly(dI·dC)	1μL	1μL	1μL
50% 甘油	1μL	1μL	1μL
100mmol/L $MgCl_2$	1μL	1μL	1μL
1% NP-40	1μL	1μL	1μL
无标记探针(2pmol/μL)	—	—	2μL
蛋白提取物	—	nμL	nμL
生物素标记探针(10fmol/μL)	2μL	2μL	2μL

(3) 电泳

将配置完成的 6%非变性胶装上电泳槽，随后加入 0.5×TBE buffer，液面要没过胶面，100V 预电泳 1h。预电泳完成后关闭电源，用缓冲液冲洗进样孔，然后将反应完成的（2）中的样品加入进样孔中，100V 电泳约 1h，待 loading buffer 中的溴酚蓝染料线迁移至胶的 3/4 处结束电泳。

(4) 转膜

电泳结束，将玻璃片取出，将样品孔的凝胶去除，电转前先用预冷的 0.5×TBE 溶液浸泡尼龙膜至少 10min。准备与胶及尼龙膜一致大小的两份海绵及 4 张滤纸，然后在电转夹黑色面板中心依次放置海绵垫、2 层滤纸、凝胶、尼龙膜、2 张滤纸、海绵垫。小心排除气泡，胶与膜之间不可有气泡。将组装好的电转夹安装在干净的电转槽中，加入的 0.5×TBE buffer，在冰上 100V/380mA 电转 30min 至凝胶上的染料全部转移至尼龙膜上。转膜结束后，小心取出夹层，使用镊子将尼龙膜放置于干净滤纸上小心吸干多余水分，尼龙膜保持正面朝上。

(5) 交联

将尼龙膜置于紫外灯下 10cm 处，交联 10min 使带负电荷的核酸与带正电荷的尼龙膜紧密交联，交联前保持膜湿润。

(6) 化学发光法检测 Biotin-labeled 的探针

先将 blocking buffer 及 4×washing buffer 在 37℃水浴中预热使白色沉淀溶解。然后将交联后的尼龙膜放置于 20mL Blocking Buffer 中，震荡仪上缓慢震荡孵育 15min 后弃液。

将 66.7μL Stabilized Streptavidin-Horseradish Peroxidase Conjugate 加至 20mL Blocking Buffer 中配制 conjugation/blocking buffer。再将尼龙膜加入 conjugation/blocking buffer 中，震荡仪上孵育 30min 后弃液。

配制 1×Washing Buffer：取 30mL 4×Washing Buffer，加入到 90mL 超纯水中。用 1×Washing Buffer 漂洗膜，每次加入 20mL 1×Washing Buffer，震荡仪上孵育 5min 后弃液，重复 4 次。然后加 30mL Substrate Equilibration Buffer，震荡仪上孵育 5min。

避光准备 Substrate Working Buffer：将 6mL Luminol/Enhancer Solution 与 6mL Stable Peroxide Solution 混匀，倒入一个干净容器中。小心夹起尼龙膜，用滤纸吸干多余 buffer，将尼龙膜正面朝下浸入 Substrate Working Buffer 中，静置孵育 5min。小心夹起尼龙膜并用保鲜膜包好，保持膜湿润，再使用 Protein Simple（Alpha）Fluorchem Imaging System 照膜。

EMSA 的结果如图 4-7（B）所示，可以看出在未添加 PhtR 蛋白的条带中，带有生物素标记的探针迁移未受阻碍；当添加了 PhtR 蛋白后，由于蛋白与核酸结合，使得核酸的迁移速率变缓，出现了相对滞后的条带，并且随着蛋白量的增加结合作用会增强。而添加了过量的未标记生物素的竞争性探针时，竞争性探针会与标记探针竞争 PhtR 蛋白的结合，导致生物素标记的探针从 PhtR 蛋白上脱离下来，滞后条带表现减弱，结果证实 PhtR 与启动子 *PphtA* 序列的结合是特异性的，并且确定结合位点就是这段含有两个反向重复序列的区域。

4.2.5 鉴定苯酚降解调控蛋白 PhtR 效应识别物

之前的结果已经证实，菌株 T2 中的苯酚降解转录调控蛋白 PhtR 需要诱导物激活。由文献报道可知，这类芳香化合物降解的转录调控因子对诱导物的特异性与诱导率之间存在差异[17]，例如 LysR 型调控因子对诱导物的特异性相对较窄，诱导率高；而双组分型的调节因子则表现出较宽泛的特异性，但是诱导率低，并且不同的诱导物对调控因子的诱导率差异明显。

本研究中，利用 4.2.3 中的重组菌株来鉴定不同酚类化合物对苯酚降解调控蛋白 PhtR 的诱导功能。当受到效应物诱导，PhtR 可以激活报告基因的转录，通过测定荧光强度可以鉴定出调控蛋白 PhtR 的效应识别物。本研究鉴定了间甲酚、对苯二酚、邻苯二酚、邻氯苯酚和对硝基酚这 6 种酚类化合物对转录调控蛋白 PhtR 的诱导作用，具体的方法与 4.4.3 中相同，诱导物改为间甲酚、对苯二酚、邻苯二酚、邻氯苯酚和对硝基酚 6 种芳香化合物，诱导结束后同样测定荧光值与 OD_{600}。

诱导结果如图 4-8 所示。可以看出，间甲酚、邻氯苯酚和对硝基酚能够激活转录调控蛋白 PhtR 与启动子结合（$P<0.05$），其中间甲酚和对硝基酚有较强的激活作用。而对苯二酚和邻苯二酚则没有对调控蛋白 PhtR 表现出诱导作用。可以看出，含有一个羟基的酚类物质对转录调控蛋白 PhtR 都表现出了激活作用，而含有两个羟基的苯系物则不能激活调控蛋白，这与苯酚降解菌醋酸钙不动杆菌 PHEA-2 的效应物有所不同[9]。关于苯酚降解调控蛋白对效应物的感应机制以及激活作用还需要进一步研究。

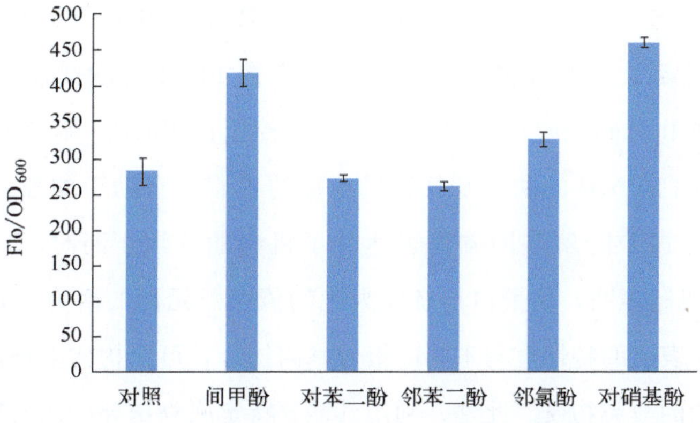

图 4-8　苯酚降解调控蛋白 PhtR 效应物鉴定

4.3 本章小结

苯酚羟化酶是微生物中重要的苯酚降解功能酶，其转录表达需要调控蛋白的激活。在前期实验中，发现草酸盐贪铜菌多亚基苯酚羟化酶 PhtABCDEF 在菌株同步脱氮除酚过程中发挥巨大的作用，探究苯酚降解酶的转录调控机制有助于提升菌株苯酚降解机制的认识。

本章实验首先对苯酚羟化酶的转录调控蛋白 PhtR 的序列进行分析，发现 PhtR 的蛋白序列与其他报道过的多亚基苯酚羟化酶的调控蛋白具有较远的进化关系。同时分析了 PhtR 的氨基酸序列结构，发现 PhtR 的结构域与其他 NtrC 家族的调控蛋白类似，主要由 3 个保守域组成，A 域作用为识别和感应效应物信号，激活芳香化合物分解代谢；B 域可能为苯酚等芳香化合物效应物与调控蛋白 PhtR 的结合区域；C 域能够为调控蛋白激活降解基因转录提供能量，同时与启动子结合。对苯酚羟化酶启动子序列进行分析，发现转录起始位点上游 100 bp 处有一段潜在的 *phtA* 启动子的上游激活序列（UAS），推测这段序列为调控蛋白 PhtR 的结合序列。通过构建 regulator-promoter-reporter 系统验证了转录调控因子 PhtR 是苯酚羟化酶基因的正调控蛋白，并且证实 *PphtA* 启动子是诱导型启动子，在苯酚和 PhtR 的激活下能增强转录作用。利用凝胶迁移实验（EMSA）证实了转录调控蛋白 PhtR 能与启动子预测的 UAS 序列结合。最后测定了其他芳香化合物对调控蛋白 PhtR 的激活能力，发现间甲酚、邻氯苯酚和对硝基酚也能够激活转录调控蛋白 PhtR。本章实验研究了苯酚降解调控蛋白 PhtR 的功能及其转录调控的机制，有助于加强对微生物降解酚类化合物过程中降解基因调控表达分子机制的认识。同时，转录调控蛋白 PhtR 的作用机制表明，该蛋白具有成为生物传感器元件的潜力。利用其需要酚类化合物诱导表达的特性，与不同的报告基因接合，可以构建生物传感器用于检测环境样品中的酚类物质。此外，利用其需要特定底物诱导表达的特性，可以用于构造诱导表达载体，丰富基因表达系统的元件。此研究具备广阔的应用价值。

参考文献

[1] Fuchs G，Boll M，Heider J. Microbial degradation of aromatic compounds - from one strategy to four [J]. Nat Rev Microbiol，2011，9 (11)：803-816.

[2] Szokol J，Rucka L，Simcikova M，et al. Induction and carbon catabolite repression of phenol degradation genes in *Rhodococcus erythropolis* and *Rhodococcus jostii* [J]. Appl Microbiol Biotechnol，2014，98 (19)：8267-8279.

[3] 张耀玲. 谷氨酸棒杆菌中苯酚代谢调控机制研究 [D]. 杨陵：西北农林科技大学，2015.

[4] Hino S，Watanabe K，Takahashi N. Phenol hydroxylase cloned from *Ralstonia eutropha* strain E2 exhibits novel kinetic properties [J]. Microbiology (Reading，England)，1998，144 (Pt 7)：1765-1772.

[5] Nagayama H，Sugawara T，Endo R，et al. Isolation of oxygenase genes for indigo-forming activity from an artificially polluted soil metagenome by functional screening using *Pseudomonas putida* strains as hosts [J]. Appl Microbiol Biotechnol，2015，99 (10)：4453-4470.

[6] Kirchner U，Westphal A H，Muller R，et al. Phenol hydroxylase from *Bacillus thermoglucosidasius* A7，a two-protein component monooxygenase with a dual role for FAD [J]. J Biol Chem，2003，278 (48)：47545-47553.

[7] Yoneda A，Henson W R，Goldner N K，et al. Comparative transcriptomics elucidates adaptive phenol tolerance and utilization in lipid-accumulating *Rhodococcus opacus* PD630 [J]. Nucleic Acids Res，2016，44 (5)：2240-2254.

[8] Chen C，Zhang Y，Xu L，et al. Transcriptional control of the phenol hydroxylase gene phe of *Corynebacterium glutamicum* by the AraC-type regulator PheR [J]. Microbiol Res，2018，209：14-20.

[9] 彭子欣. 醋酸钙不动杆菌 PHEA-2 苯酚降解调控蛋白 MphR 的功能分析 [D]. 北京：中国农业科学院，2010.

[10] Powlowski J，Shingler V. Genetics and biochemistry of phenol degradation by *Pseudomonas* sp. CF600 [J]. Biodegradation，1994，5 (3-4)：219-236.

[11] Janssen P J，Van Houdt R，Moors H，et al. The complete genome sequence of *Cupriavidus metallidurans* strain CH34，a master survivalist in harsh and anthropogenic environments [J]. PLoS One，2010，5 (5)：e10433.

[12] Barrios H，Valderrama B，Morett E. Compilation and analysis of sigma (54) -de-

pendent promoter sequences [J]. Nucleic Acids Res, 1999, 27 (22): 4305-4313.

[13] Yu H, Peng Z, Zhan Y, et al. Novel regulator MphX represses activation of phenol hydroxylase genes caused by a XylR/DmpR-type regulator MphR in *Acinetobacter calcoaceticus* [J]. PLoS One, 2011, 6 (3): e17350.

[14] Shingler V, Bartilson M, Moore T. Cloning and nucleotide sequence of the gene encoding the positive regulator (DmpR) of the phenol catabolic pathway encoded by pVI150 and identification of DmpR as a member of the NtrC family of transcriptional activators [J]. J Bacteriol, 1993, 175 (6): 1596-1604.

[15] Beck L L, Smith T G, Hoover T R. Look, no hands! Unconventional transcriptional activators in bacteria [J]. Trends Microbiol, 2007, 15 (12): 530-537.

[16] Luo X, Lin J, Yan J, et al. Characterization of DinJ-YafQ toxin-antitoxin module in *Tetragenococcus halophilus*: activity, interplay, and evolution [J]. Appl Microbiol Biotechnol, 2021, 105 (9): 3659-3672.

[17] Uchiyama T, Miyazaki K. Metagenomic screening for aromatic compound-responsive transcriptional regulators [J]. PLoS One. 2013, 8 (9): e75795.

第5章

蛋白组学揭示同步脱氮除酚菌的代谢特征及耐受机制

5.1 引言

石油化工、焦化、炼油和化工等各种工业活动排放的废水中，苯酚和氨氮及硝态氮等污染物同时存在[1,2]。这些污染物严重影响生态环境，威胁公众健康[3,4]。作为一种有效、经济、环保的方法，生物处理被广泛应用于去除废水中的污染物[5]。在传统的生物处理方法中，去除酚类化合物、硝化和反硝化通常是分开进行的[6]。相比之下，同时去除酚和氮是一种低成本、高效率的有利策略[7]。因此，分离出能同时去除酚类化合物和氮的菌株或微生物菌群并了解相关的代谢机制至关重要。

目前，研究人员在同时去除废水中的酚和氮方面做了很多尝试。例如，Feng[6] 等人在一个双室微生物燃料电池反应器中同时去除苯酚和铵。Tomar[8] 等人在序批式反应器中利用好氧颗粒污泥同时去除吡啶、吲哚和铵以及苯酚和硫氰酸盐。此外，一些单一菌株也被证明能促进苯酚和氨的同时去除，如粪碱杆菌 *Alcaligenes faecalis* WY-01[9]，假单胞菌 *Pseudomonas* sp. HJ3[10] 和沙雷氏菌 *Serratia* sp. LJ-1[11]。迄今为止，大多数报道都侧重于污染物去除效果的研究，但只提供了很少的相关代谢机制的信息。因此，分离高效降解菌并阐明微生物的代谢机制以促进酚氮的同时去除，有利于深入了解菌株的应用特性，提高废水处理效率。

过去的研究证明，苯酚会破坏微生物细胞[4]，抑制反硝化作用[12]，高负荷的苯酚会破坏污泥系统[1]。微生物对苯酚的耐受性会在一定程度上影响废水处理的效率。以往的研究表明，微生物对酚胁迫有多种适应机制，如改变脂质双分子层的脂肪酸组成[13]、表达抗氧化酶[14]、利用外排泵系统[15] 等。不同菌株对苯酚的适应机制存在差异，值得进一步探讨。

前期实验中已经从多个方面测定了同步脱氮除酚菌——草酸盐贪铜菌 T2 的降解性能，同时对其代谢途径进行了初步探究，确定了菌株 T2 能够同时降解苯酚并进行异养硝化-好氧反硝化作用。同时，实验结果表明菌株同步脱氮除酚过程中受苯酚毒性影响存在一段延滞期适应苯酚毒性，而目前该菌株对苯酚毒性胁迫的响应机制以及细胞内各种代谢变化尚不清楚。另一方面，前面实验只研究了菌株同步脱氮除酚过程中的物质变化，对于相关机制的研究不够深入。因此，分析和比较菌株 T2 暴露于苯酚时的蛋白表达差异，有助于阐明菌株 T2 的对苯酚耐受机制以及共代谢特性。同样有助于理解此类同步脱氮除酚菌的代谢机制。

蛋白质组学方法广泛应用于探索微生物的环境适应机制和外源性生物降解机制[16,17]。近年来，数据依赖采集（DDA，也称为鸟枪质谱法）被广泛用于蛋白质组谱分析，但该方法是半随机的，不能准确测定低丰度肽，导致准确性和重复性不足[18]。一种新兴的质谱方法数据非依赖采集（Data-independent Acquisition，DIA）技术[19]融合了传统蛋白质组学和选择反应监测/多反应监测（SRM/MRM）质谱绝对定量技术的优势和特点，该技术能够把质谱的整个全扫描范围分为若干个窗口，并且可以高速、循环地对每个窗口中的所有离子进行选择、破碎、检测，从而获得样本中所有离子的全部碎片信息。与传统数据依赖采集模式（DDA）相比，具有全景式扫描、数据利用度高、重复性高、定量准确性高、数据可回溯等优势。因此，采用 DIA 技术进行蛋白组测序能够得到更准确更丰富的结果。

为了揭示草酸盐贪铜菌 T2 同步脱氮除酚过程中对苯酚的适应性机制以及整个过程中代谢作用动态变化，同时深入了解苯酚胁迫对菌株脱氮作用的影响，本章通过蛋白质组学，对草酸盐贪铜菌 T2 在同步脱氮除酚不同阶段的蛋白表达情况进行了分析比较。采用了 DIA 技术，对处于同步脱氮除酚 0h、6h 和 24h 的菌株进行总蛋白提取检测，比较不同阶段间的蛋白表达差异，挖掘与苯酚耐受和脱氮作用相关代谢通路，了解菌株 T2 同步脱氮除酚的代谢特征。本章的研究内容可以从全局性的视角来探究以草酸盐贪铜菌 T2 为代表的同步脱氮除酚细菌的底物代谢过程、胁迫应对机制以及代谢调控机制，并为进一步揭示此类菌株的同步脱氮除酚代谢的作用机制提供理论依据。

5.2 蛋白组学的测定方法

5.2.1 菌株的培养

利用适宜的培养基对菌株进行富集培养，未获得所需蛋白提供足够的原料。以筛选分离得到的同步脱氮除酚菌——草酸盐贪铜菌 T2 为例，利用 LB 培养基与 MSM 培养基对菌株进行扩培、富集。

5.2.2 蛋白样品的制备

把 LB 培养基活化的菌株 T2 接种到添加了葡萄糖作为碳源的 MSM 培养基中，当菌液 OD_{600} 约为 1.0 时收集菌体作为对照（CK）。同时将此菌液按 5%的接种量离心后接种至添加了 500mg/L 苯酚作为唯一碳源的 MSM 培养基中，并分别在延滞期（6h，T6）和对数期（24h，T24）收集菌体（图 5-1）。不同生长时期的细胞以 8000r/min，4℃条件离心 10min 收集，然后加入裂解液（7mol/L 尿素，2% SDS，0.1% PMSF，65mmol/L DTT），超声裂解。在 4℃条件下 14000r/min 离心 30min，取上清。使用 BCA 法测定蛋白含量。

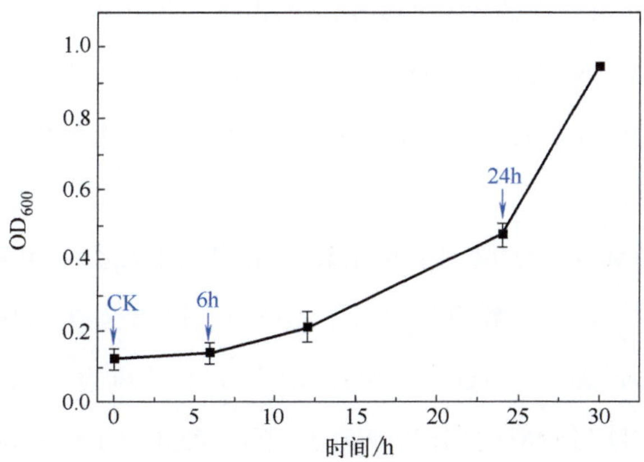

图 5-1　菌株 T2 以苯酚为碳源的生长曲线及取样点示意

取 50μg 蛋白质稀释至 50μL，随后加入 1μL 的浓度为 1mol/L 的 DTT，在 55℃温育 1h。加入 1mol/L 碘乙酰胺（IAA）5μL，室温避光 1h。加入 300μL 预冷的丙酮沉淀 2h，沉淀用 Trypsin 酶解过夜。每个样品设置 3 个重复。

5.2.3 建立谱图数据库

（1）高 pH 反相分离

所有样品肽段混合物在 buffer A（buffer A：20mmol/L 甲酸铵水溶液，氨水调节至 pH 10.0）重新溶解后用 Ultimate 3000 系统（Thermo Fisher scientific，MA，USA）连接反向柱（XBridge C18 column，4.6mm×250mm，5μm，Waters Corporation，MA，USA）进行高 pH 分离，分离使用线性梯度，40min 内 5% B 至 45% B（B：80% 乙腈中加入 20mmol/L 甲酸铵，氨水调节至 pH 10.0）。柱子在初始条件下平衡 15min，柱流速维持在 1mL/min，柱温维持在 30℃。收集到 6 个 fraction，各个 fraction 在真空浓缩仪中干燥待用。

（2）低 pH nano-HPLC-MS/MS 分析（DDA 定性建库）

将除盐冻干后的肽段重溶于 solvent A（A：0.1% 甲酸水溶液）后经由配备在线纳喷离子源的 LC-MS/MS 分析。整套系统为串联 EASY-nLC 1200 系统的 Orbitrap Lumos 质谱仪（Thermo Fisher Scientific，MA，USA）。总共上样 3μL（分析柱 Acclaim PepMap C18，75μm×25cm），以 120min 梯度分离：5% B 至 35% B（B：0.1% 甲酸乙腈溶液）。柱流量控制在 200nL/min，电喷雾电压 2kV。

Orbitrap Lumos 质谱仪在数据依赖采集模式下运行，自动在 MS 和 MS/MS 采集间切换。质谱参数设置如下：①MS：扫描范围 350～1500（m/z）；分辨率为 120000；AGC target ＝4e5；最大注入时间为 50 ms；动态排除时间：30 s；②HCD-MS/MS：分辨率为 15000；AGC target＝5e4；最大注入时间为 35ms；碰撞能量为 32。

(3) 搜库

原始数据通过 Spectronaut X（Biognosys AG）合并分析搜库，数据库使用 Uniprot 和 NCBI 数据库，另外同时搜索污染序列库，以判断样本是否存在污染，设置 Trypsin 酶解。搜库参数设定为：Carbamidomethyl 为固定修饰，methionine 氧化为可变修饰。母离子和肽段水平的假阳性率（FDR）都设置为 1%。

5.2.4　DIA 数据采集

各样品加入 30μL solvent A（A：0.1% 甲酸水溶液）制成悬浮液，取出 9μL 加入 1μL 10×iRT 肽段，混合后用 nano-LC 分离，经在线电喷雾串联质谱分析。整套实验系统同样为串联 EASY-nLC 1200 系统的 Orbitrap Lumos 质谱仪（Thermo Fisher Scientific，MA，USA）。上样方法同 5.2.3（2）。

质谱参数设置如下：①MS：扫描范围 350～1500（m/z）；分辨率为 120000；AGC target 设为 4e6；最大注入时间为 50 ms；②HCD-MS/MS：分辨率为 30000；AGC target＝1e6；碰撞能量为 32；能量增加为 5%。③可变窗口采集，设置了 60 个窗口，设置重叠串口，每个窗口重叠 1 m/z。

5.2.5　DIA 数据分析

DIA 的原始数据由 Spectronaut X（Biognosys AG）使用默认参数处理和分析。质谱检测前，在每一个样品中加入 Biognosys 的质控试剂 iRT Kit，根据多肽在色谱中的保留时间（retention time，RT）进行校准，使用 QuiC (Biognosys) 软件对原始质谱数据进行质控，来考察各个样本间的质控指标是否相近，如果指标结果相近，表明检测重复性好。然后采用 Pulsar 软件对 DDA 采集模式得到的数据进行建库，根据 DDA 参考数据库对 DIA 数据结果进行分析以鉴定蛋白。前体和蛋白质水平的 Q-value（FDR）临界值设为 1%。通过筛选的所有选定前体都用于定量，每条肽段的丰度与在质谱中的峰面积或信号强度成正比，筛选FDR小于1.0%的前3个MS1肽段的峰面积的平均值用来进行蛋白质的定量。在经过t检验之后，如果差异表达的蛋白的Q-value<0.05并且平均数差异经log2计算后的绝对值>0.58，则对其进行采用。

5.2.6 蛋白质功能注释和富集分析

通过GO、KEGG和COG/KOG数据库对蛋白质进行注释以获得它们的功能。在Q-value≤0.05的差异表达蛋白中检测重要的功能和途径。

5.3 差异蛋白分析

5.3.1 样品间蛋白差异分析

为了分析菌株暴露于苯酚下引起的蛋白表达的变化，将在以葡萄糖为碳源的MSM中生长至对数期的菌株T2转接到含有苯酚的MSM培养基中，收集0h（CK），生长6h（T6）和24h（T24）这三个时期的细胞样品用于蛋白质组学分析，每个样品设置3个重复。基于各样本的表达量结果，通过PCA分析和计算样本间Pearson相关系数，对每个样品的重复性进行检测，用于排除离群样本[20]，结果如图5-2所示。在主成分分析图中［图5-2（A）］，不同条件下的样本分离良好，组内的三个重复聚在一起，表明3组样品的组间差异显著，同时同组内的样品重复性高。由图5-2（B）可知，Pearson相关系数的计算结果也证实了上述结论。

在确定了样品的重复性差异后，再根据蛋白质定量结果，筛选出组间丰度差异显著的蛋白质。先进行Student's T test得到P值，为了降低假阳性率，再对P值进行多重假设检验校正，应用Benjamini and Hochberg（BH）方法得到FDR值（错误发现率）。然后根据差异表达蛋白筛选阈值，即差异倍数（Fold change，FC）的绝对值大于1.5倍，校正P值得到的Q-value<0.05，

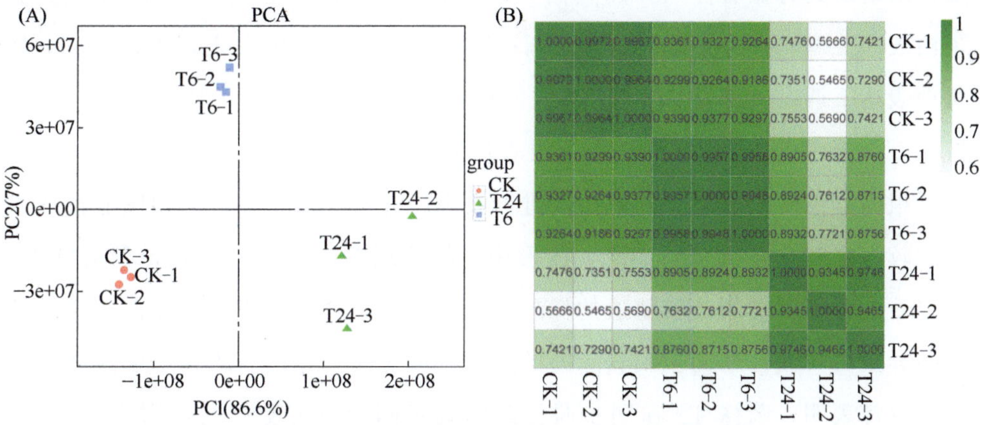

图 5-2　(A) 样品主成分分析 (PCA 分析) 结果；

(B) 基于 Pearson 相关系数的样本相关性热图

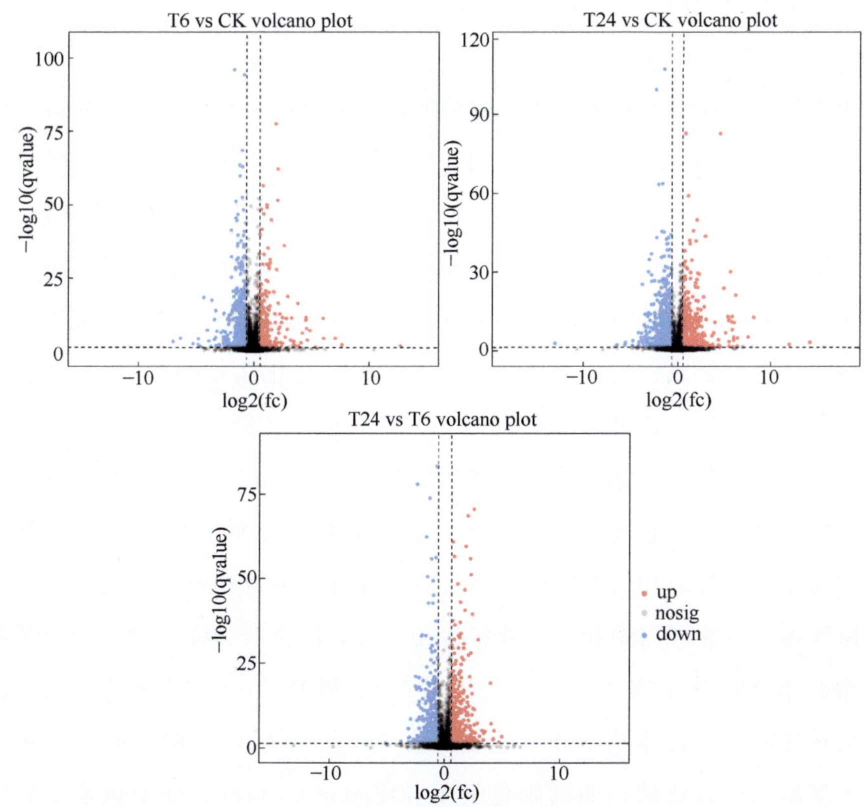

图 5-3　不同样品间蛋白表达差异火山图

筛选出组间具有显著性差异的蛋白。结果显示，与对照相比，T6 中有 315 个蛋白表达上调，498 个蛋白表达下调；T24 中有 477 个蛋白表达上调，634 个蛋白表达下调。此外，T24 和 T6 之间存在 830 个差异蛋白，T24 与 T6 相比，有 435 个蛋白表达上调，395 个蛋白表达下调。

根据各组间的显著差异蛋白，进行火山图分析（图 5-3）。火山图能直观展示比较组之间差异蛋白的情况，图形中，越靠近两端的蛋白，差异程度越大。可以看出，不仅受到苯酚胁迫的样品与未受苯酚处理的对照之间存在大量的显著差异蛋白，而且在同步脱氮除酚的不同阶段之间差异蛋白的数量也很多。这些数据都表明，菌株 T2 在同步脱氮除酚的不同阶段细胞内的代谢变化巨大，菌株对苯酚具有多种适应机制。

5.3.2 差异蛋白功能分析

为了进一步揭示差异表达蛋白的功能，对不同组之间的显著差异蛋白进行了 KEGG Pathway 富集分析，通过 Pathway 显著性富集能确定基因参与的最主要生化代谢途径和信号转导途径。图 5-4 显示了 T6 与 CK 之间富集前 20 的代谢通路，其中 14 条富集显著（$P<0.05$），这些富集显著的代谢通路包括细菌趋化性、氮代谢、双组分体系、芳香化合物降解、生物膜形成、硫代谢、倍半萜和三萜生物合成、氧化磷酸化。其中，细菌趋化途径的 15 个蛋白表达上调，占该途径差异表达蛋白数量的 93.3%；双组分系统途径的 43 个蛋白表达上调，占该途径差异表达蛋白数量的 62.8%；而硫辛酸代谢途径所有的差异表达蛋白都为上调。在氮代谢途径中，参与硝化和反硝化的差异表达蛋白上调，而与谷氨酸合成相关的蛋白表达下调。此外，上调的差异表达蛋白在苯甲酸盐降解途径、氯环己烷和氯苯降解途径、芳香族化合物降解途径和甲苯降解途径中的比例分别为 68.2%、85.7%、92.3%和 100.0%。在氧化磷酸化途径中，构成呼吸链复合体的差异表达蛋白有 55.6%下调，上调的差异表达蛋白主要为细胞色素氧化酶，如细胞色素 c 氧化酶 cbb3-type、细胞色素 c 氧化酶组装蛋白、细胞色素 o 泛醇氧化酶等。此外，在苯乙烯降解、生物膜形成、氨

基苯甲酸降解等途径中，大部分的差异表达蛋白都表现为下调。

在 T24 与 CK 的蛋白组比较中，有 8 条代谢通路显著富集（$P<0.05$）（图 5-4），包括氧化磷酸化、氯环己烷和氯苯的降解、细菌的趋化性、甲苯的降解、苯甲酸的降解、精氨酸和脯氨酸的代谢以及氨基苯甲酸的降解等途径。与前面一组（T6 vs CK）对比结果类似，许多参与芳香化合物代谢途径的差异表达蛋白上调，如氯环己烷和氯苯降解途径、甲苯降解途径和苯甲酸降解途径，上调蛋白的数量分别占差异蛋白的 72.7%、88.9%和 53.6%。此外，细菌趋化途径中几乎全部的差异表达蛋白都为上调。此外，与前一组比较（T6 vs CK）不同的是，参与氧化磷酸化途径的差异蛋白中有更多的脱氢酶和细胞色素 bd 泛醇氧化酶表达上调。而在精氨酸和脯氨酸代谢途径中上调的蛋白占该途径总差异蛋白的 70.0%，与前一组比较的结果有所增加。

图 5-4 也显示了 T6 和 T24 之间差异表达蛋白的 KEGG 通路显著富集分析结果。大部分与苯酚降解相关的差异蛋白上调，这说明随着受苯酚胁迫时间的

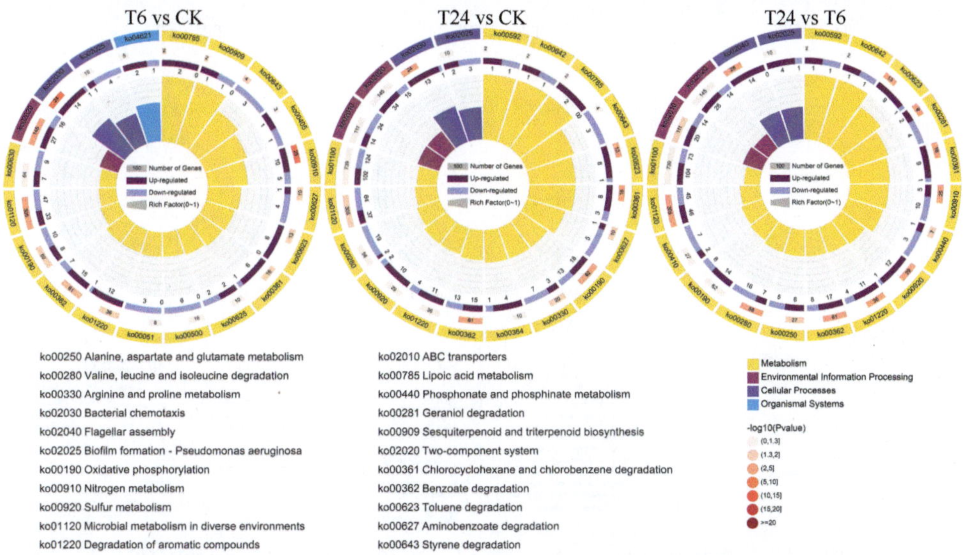

图 5-4　T6 vs CK、T24 vs CK、T24 vs T6 中 KEGG 通路富集的显著性前 20 的通路

注：第一个圈表示富集途径编号和它所属的类别；第二个圈代表背景基因中该通路的数目以及 P 值。基因越多条形越长，P 值越小颜色越红；第三个圈代表上调和下调基因比例的条形图，深紫色代表上调基因比例，浅紫色代表下调基因比例。下方显示具体数；第四个圈代表每个通路的 Rich-Factor 值（该通路中差异数量除以所有数量），每一格代表 0.1。

延长，菌株 T2 逐渐增强对苯酚的降解能力。此外，硫代谢途径中 90%以上的差异表达蛋白表现为上调，这些蛋白主要是涉及同化硫酸盐还原和 SOX 硫氧化系统。而在氧化磷酸化途径中，差异蛋白上调与下调的情况与上述 T24 与 CK 的比较结果类似。在氮代谢途径中，上调的差异蛋白主要为参与谷氨酸合成途径，这些蛋白占氮代谢途径总差异蛋白的 33.3%；下调的差异表达蛋白则主要与硝化反硝化作用相关，说明该菌株在滞后阶段表现出很强的反硝化活性。此外，鞭毛组装通路中的所有差异表达蛋白均表现为上调。

基因集富集分析（GSEA）是一种评估一组预先定义的基因或蛋白质在两种生物状态之间是否存在显著差异的方法，可以有效弥补传统富集分析中对次要基因进行有效信息挖掘的不足，更全面地解释一个功能单元（通路、GO term 或其他）的调控作用[21]。通过比较菌株 T2 不同阶段蛋白质组数据，利用 GSEA 分析，可以更准确地揭示菌株 T2 的代谢机制。利用 GSEA-KEGG 分析不同样品间蛋白组数据的差异，结果如图 5-5 所示（显著富集的蛋白质集

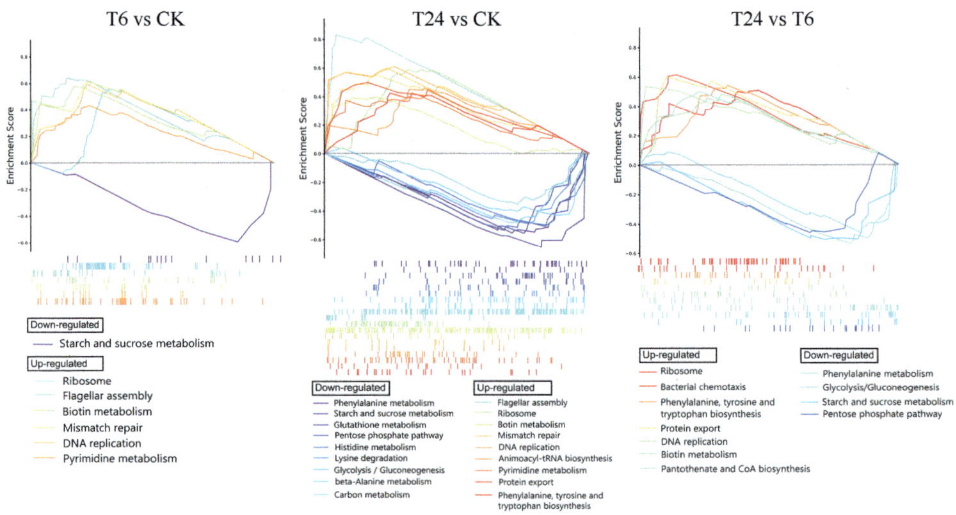

图 5-5　三组样品（T6 vs CK、T24 vs CK 和 T24 vs T6）间的 KEGG 通路的基因集富集分析（GSEA）

注：折线代表不同的代谢通路，折线的峰值代表该代谢通路的富集分数（ES）。ES 为正表示该通路在实验组中表现为上调，ES 为负则表示该通路在实验组中下调。下面的条形图中每一条竖线都代表相应基因集下的一个基因。

定义为归一化富集评分（NES）>1 和 FDR<0.25）。可以看出，T6 与对照相比，除去 KEGG 富集分析中显著差异的代谢通路，还发现苯酚胁迫下菌株 DNA 修复和合成功能增强，错配修复、DNA 复制、嘧啶代谢等相关代谢途径上调。此外，鞭毛合成和生物素代谢两个代谢通路也在菌株 T2 对苯酚胁迫的响应中也发挥了重要作用。而 T24 与对照组的比较结果也与 T6 和对照的分析结果类似，发现 DNA 修复与生物素代谢等途径显著上调。此外，结合两组数据发现在菌株同步脱氮除酚的过程中，碳代谢途径与多种氨基酸代谢途径，如苯丙氨酸、组氨酸、赖氨酸、缬氨酸、亮氨酸、异亮氨酸、丙氨酸和谷胱甘肽等均显著下调。此外，与其他两个样品相比，在同步脱氮除酚的对数期（T24）芳香族氨基酸的合成途径和蛋白质外排途径均表现为上调。

5.4　菌株同步脱氮除酚关键代谢途径

5.4.1　苯酚代谢途径

与对照相比，苯酚胁迫条件下的菌株中有多种涉及苯酚邻位降解途径的蛋白表达上调，如多组分苯酚羟化酶亚基（phenol hydroxylase）、邻苯二酚 1,2-双加氧酶（catechol 1,2-dioxygenase）、黏糠酸环异构酶（muconate cycloisomerase）、黏糖酸内酯 δ 异构酶（muconolactone Delta-isomerase）、3-氧代己二酸烯醇内酯酶（3-oxoadipate enol-lactonase）、3-氧代己二酸辅酶 A 转移酶（3-oxoadipate CoA-transferase）和 β-酮己二酰辅酶 A 硫解酶（beta-ketoadipyl CoA thiolase）（表 5-1）。由 6 个亚基组成的多组分苯酚羟化酶催化苯酚氧化成邻苯二酚，然后通过邻苯二酚 1，2-双加氧酶的作用下邻位开环形成顺式黏糠酸（图 5-6）。邻苯二酚 1，2-双加氧酶是作为 β-酮己二酸途径邻位分支的关键酶，而且黏糠酸环异构酶和黏糖酸内酯 δ 异构酶也被认为是酚类化合物代谢为 β-酮己二酸的关键酶，而后 β-酮己二酸会继续经过两步转化形成三羧酸循环的中间产物[22]。

表 5-1 草酸盐贪铜菌 T2 同步脱氮除酚不同阶段苯酚降解相关的差异表达蛋白

蛋白描述	名称	$\log_2$fc *		
		T6/CK	T24/CK	T24/T6
邻位代谢途径				
σ54 Fis 家族转录调控因子	phtR	0.68	2.30	1.61
苯酚羟化酶 P0 亚基	phtA	ND	ND	1.75
苯酚羟化酶	phtB	4.37	6.23	1.87
单加氧酶	phtC	4.60	6.60	2.00
苯酚 2-单氧化酶	phtD	3.75	5.70	1.96
苯酚羟化酶	phtE	ND	ND	2.20
苯酚羟化酶	phtF	4.92	6.22	1.30
邻苯二酚 1,2-双加氧酶	catA1	6.34	8.48	2.13
邻苯二酚 1,2-双加氧酶	catA2	1.05	0.81	ND
黏糠酸环异构酶	catB	4.07	6.43	2.36
黏糖酸内酯 δ 异构酶	catC	3.53	6.27	2.74
3-氧代己二酸烯醇内酯酶	catD	3.04	5.58	2.53
3-氧代己二酸辅酶 A 转移酶 α 亚基	pcaI	3.14	5.69	2.55
3-氧代己二酸辅酶 A 转移酶 β 亚基	pcaJ	1.01	2.75	1.74
β-酮己二酰辅酶 A 硫解酶	pcaF	2.30	4.72	2.43
对位代谢途径				
假定的苯酚单加氧酶亚基 I	pmoI	4.87	5.70	0.83
假定的苯酚单加氧酶亚基 II	pmoII	4.83	6.02	1.19
NAD(P)H:醌氧化还原酶	wrbA	5.17	6.06	0.90
氯氢醌/对苯二酚 1,2-双加氧酶	linE	7.42	6.66	−0.76
羟基黏多糖半醛脱氢酶	HMSD	0.94	2.06	1.12
马来酰乙酸还原酶	tfdFII	6.39	7.85	1.45

*：$\log_2$fc 表示不同条件下蛋白质丰度比值经 $\log_2$ 倍变化处理。“+”和“−”分别表示蛋白上调和下调。“ND”表示两种条件下的蛋白质积累量差异无统计学意义。

此外，通过差异表达蛋白数据结果分析，结合菌株全基因组序列分析，推测菌株 T2 中存在另一个潜在的苯酚对位代谢途径（*para*-pathway），结果如图 5-6 所示。表 5-1 列出了涉及苯酚对位降解途径的蛋白，这些蛋白在苯酚胁迫下均被高度上调，并且根据全基因组测序的数据，这些高度上调的关键酶的

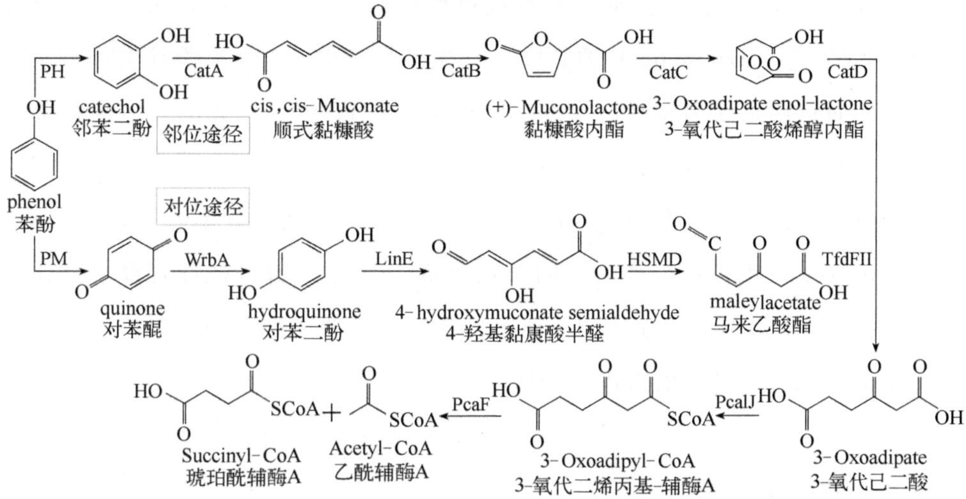

图 5-6　通过蛋白质组学分析鉴定获得的草酸盐贪铜菌 T2 中苯酚的代谢途径

酶的缩写：PH，苯酚羟化酶；CatA，邻苯二酚 1，2-双加氧酶；CatB，黏糠酸环异构酶；CatC，黏糖酸内酯 δ 异构酶；CatD，3-氧代己二酸烯醇内酯酶；PM，苯酚单加氧酶；WrbA，NAD（P）H 醌氧化还原酶；LineE，对苯二酚 1，2-双加氧酶；HSMD，羟基黏康酸半醛脱氢酶；TfdFII，马来酰乙酸还原酶；PcaIJ，3-氧代己二酸辅酶 A 转移酶；PcaF，β-酮己二酰辅酶 A 硫解酶。

编码基因位于同一个基因簇上（见本书第 3 章）。在推断出的对位降解途径中，苯酚首先被氧化成对苯醌（4-benzoquinone），再通过醌氧化还原酶转化为对苯二酚（hydroquinone）。随后，对苯二酚（hydroquinone）在对苯二酚 1，2-双加氧酶的催化下氧化成 4-羟基黏康酸半醛（4-hydroxymuconate semialdehyde），然后通过羟基黏康酸半醛脱氢酶的催化生成马来乙酸酯（maleylacetate）。最后，马来乙酸酯在马来酰乙酸还原酶的催化下转化为 3-氧代己二酸（3-oxoadipate），这也是苯酚邻位降解途径的中间产物。根据文献可知，在其他微生物中也有发现苯酚对位降解途径，如 Gerginova [23] 等人证实烟曲霉（*Aspergillus fumigatus*）可以通过对位途径降解苯酚。在烟曲霉中，苯酚首先转化为对苯二酚，然后通过对苯二酚羟化酶的催化生成 1,2,4-三羟基苯，再由 1,2,4-三羟基苯双加氧酶氧化裂解苯环，可以看出烟曲霉（*Aspergillus fumigatus*）中的苯酚对位降解通路与菌株 T2 的有所差异，大部分的中间产物与菌株 T2 的都不相同。然而，也有报道假单胞菌（*Pseudomonas* sp.）降解对硝基苯酚（p-nitrophenol）的其中一条途径与菌株 T2 的苯酚对位降解途径相似，同时这两条代谢途径产生的中间产物是一致的[24]。先前许多生物降解的研究表明，像硝基酚（nitrophenols）[25] 和烷基酚（alkylphenols）[26] 等酚类化合物可以以对苯二酚（hydroquinone）和 4-羟基黏康酸半醛（4-hydroxy-muconate semialdehyde）作为中间产物来通过对位代谢途径进行降解，这与菌株 T2 中推断出的对位途径相一致。目前来说，关于细菌通过对位途径降解苯酚的信息仍然不足，值得进一步探究。

5.4.2 氮代谢途径

由图 5-4 中的 KEGG 富集分析可知，T6 组中氮代谢途径与其他两组具有显著差异。氮代谢途径中差异蛋白分析结果显示（表 5-2），与对照和对数期的样品相比，延滞期（T6）的菌株中反硝化相关的酶，如膜结合硝酸盐还原酶（*nar*）、亚硝酸盐还原酶（*nir*S）、一氧化氮还原酶（*nor*B）和一氧化二氮还原酶（*nos*Z）的表达上调，而周质硝酸盐还原酶（*nap*）和同化物硝酸盐还原酶（*nas*）则表达下调。在反硝化过程中，硝酸盐还原酶首先将硝酸盐（NO_3^-）还原成亚硝酸盐（NO_2^-），然后亚硝酸盐还原酶负责将亚硝酸盐（NO_2^-）还原成一氧化氮（NO），接着一氧化氮还原酶将一氧化氮（NO）转化成一氧化二氮（N_2O），最后依靠一氧化二氮还原酶的作用生成氮气（N_2）[27]。而在检测到的蛋白中仍旧没有鉴定出氨加氧酶，因此无法对菌株 T2 中 NH_4^+ 转化成 NO_3^- 的过程做出准确判断。以往的报道表明，细菌中存在多种未知的酶催化的 NH_4^+ 转化反应，如依赖金属离子（铁和锰）的氨氧化作用[28]，关于菌株 T2 中氨的转化过程有待进一步研究。另一方面，从硝酸盐还原酶的表达情况来看，菌株在苯酚的作用下硝酸盐的还原位置受到了影响，尤其是在对数期，促进了膜结合硝酸盐还原酶 *nar* 的表达，而其他两种硝酸盐还原酶（*nap* 和 *nas*）的表达受到了抑制。据文献可知，通常涉及微生物好氧反硝化的硝酸盐还原酶为对氧不敏感的 *nap* 系统[29]。而且已有报道证实，氧会对硝酸盐在细胞质膜上的运输和还原产生抑制作用[30]。然而，T2 菌株在同步脱氮除酚的延滞期表现出不同的特性，涉及好氧反硝化的周质硝酸盐还原酶 *nap* 表达下调，而对氧相对敏感的 *nar* 蛋白则表达上调。此外，与对照相比，菌株在对数期（T24）硝酸盐还原酶的表达特征与延滞期相似，也是表现为 *nar* 上调，*nap* 和 *nas* 下调（表 5-2），这与本书第 3 章中荧光定量的结果相

表 5-2 草酸盐贪铜菌 T2 同步脱氮除酚不同阶段氮代谢相关的差异表达蛋白

蛋白描述	名称	log_2fc①		
		T6/CK	T24/CK	T24/T6
反硝化作用				
硝酸盐/亚硝酸盐转运体	narK	8.02	6.38	−1.64
主要协同转运蛋白超家族(MFS)	narK1	3.68	1.92	−1.76
硝酸盐还原酶	narI	4.74	2.13	−2.61
硝酸盐还原酶 α 亚基	narG	2.85	0.79	−2.06
硝酸盐还原酶 β 亚基	narH	2.32	0.43	−1.89
硝酸还原酶催化亚基	napA	−0.65	−1.35	−0.70
硝酸盐还原酶	napB	−1.37	−2.89	−1.52
硝酸盐还原酶	nasA	−1.21	−0.57	0.65
亚硝酸盐还原酶	nirS	2.10	ND	−2.45
一氧化氮还原酶	norB	2.61	ND	−2.40
氧化亚氮还原酶	nosZ	2.27	ND	−2.57
氮调控蛋白 PⅡ	glnB	ND	7.52	7.99
谷氨酸代谢				
谷氨酸脱氢酶[NAD(P)+]	gdhA	0.78	−1.16	−1.93
谷氨酸脱氢酶	GDH2	0.36	1.07	0.71
NAD-谷氨酸脱氢酶	gdhB	−0.80	−1.55	−0.74
谷氨酸合成酶(NADPH)大亚基	gltB	−0.84	ND	1.22
谷氨酸合成酶(NADPH)小亚基	gltD	−0.99	ND	1.48
谷氨酰胺合成酶	glnA	−0.42	ND	0.78

① log_2fc 表示不同条件下蛋白质丰度比值经 log_2 倍变化处理。“+”和“−”分别表示蛋白上调和下调。“ND”表示两种条件下的蛋白质积累量差异无统计学意义。

符。由蛋白差异分析结果可以推断，在菌株的异养硝化-好氧反硝化过程中，苯酚影响了不同类型的硝酸盐还原酶的表达，引起了硝酸盐在细胞中还原位置的变化，这在过去鲜有报道。

另一方面，由表 5-2 中可以看出，氮代谢中涉及氨直接合成谷氨酸途径的相关蛋白在苯酚胁迫条件下表达是下调的，这与不动杆菌受苯酚处理后蛋白表达情况相符[13]，研究人员认为这些蛋白的下调是平衡碳氮吸收的一种机制，可有效避免应激作用下能量代谢的浪费。此外，可以看出菌株延滞期（T6）中有两个谷氨酸脱氢酶（GDH）的表达上调，该酶能够催化谷氨酸转化为 2-氧戊二酸和氨，同时将 NAD(P)＋还原为 NAD(P)H[31]。GDH 具有多种功能，除了为 TCA 循环和能量产生提供补充外，还与细胞氧化还原稳态和信号传导过程有关[32]。总的来说，菌株 T2 在同步脱氮除酚的延滞期中氮代谢的特征表现为反硝化作用和谷氨酸分解增强，这些代谢过程可以产生能量和质子；同时抑制氨直接合成氨基酸的过程。而在对数期（T24）反硝化作用与谷氨酸分解都受到抑制。

由表 5-2 可知，氮代谢调控蛋白 PⅡ蛋白 GlnB 的表达量在对数期显著上调，相比对照条件上调了 7.52 倍，这表明 PⅡ蛋白 GlnB 可能对菌株同步脱氮除酚发挥着重要的作用。从文献报道中可知，PⅡ家族蛋白通过翻译后修饰的信号转导，在微生物协调氮代谢方面发挥着重要作用[33]。PⅡ蛋白调节氮代谢可以通过对直接参与细胞中氮代谢途径中的酶、铵转运蛋白的活性以及相关转录调控蛋白的相互作用来实现。PⅡ调控蛋白的高表达，表明其对菌株 T2 脱氮作用，尤其是在对数生长期发挥着重要的调控作用。此外，越来越多的研究表明，PⅡ蛋白不仅以各种方式调控氮同化反应，而且还参与中枢代谢的全面调控。Gerhardt[34] 等人发现细菌中一类 PⅡ蛋白 GlnB 通过与乙酰-CoA 羧化酶（ACCase，脂肪酸生物合成中的一种关键酶）的亚基结合来抑制 ACCase，从而调节脂肪酸生物合成。这表明 PⅡ蛋白在中心碳代谢方面发挥着全局性作用。Xu[35] 等人在谷氨酸棒杆菌中过表达 glnK 时，发现 PⅡ蛋白 CgGlnK 会增加 L-精氨酸的产量。该研究表明，CgGlnK 通过上调精氨酸代谢途径基因的表达以及与精氨酸生物合成过程中的限速酶 *N*-乙酰谷氨酸激酶（CgNAGK）相互作用来调节精氨酸的生物合成。研究人员还发现 PⅡ 蛋白可以充当 NAD 合成酶的可分离调节亚基，从而能够根据细菌细胞的营养状况控制细胞内重要的氧化还原辅因子 NAD^+ 的生物合成[36]。这表明 PⅡ 蛋白可以通过调控 NAD^+ 的水平起到平衡核心细胞代谢物水平的作用。此外，Gerhardt[37] 等人在固氮菌 *Azospirillum brasilense* 中通过配体钓取实验发现了 37 个可能是 PⅡ 蛋白相互作用网络的靶点蛋白，鉴定出的 PⅡ 靶标包括与氮和脂肪酸代谢、信号传递、辅酶合成、RNA 分解和转录有关的酶。同时，在已确定的靶标中，有两种酶催化 c-di-GMP 的对立反应（合成/降解）。对 PⅡ 基因（*glnZ*）基因敲除突变体的代谢组和表型分析表明，PⅡ 蛋白参与控制 c-di-GMP 的平衡，这些发现意味着 PⅡ 在全局性调控方面发挥了新的作用。众所周知，第二信使控制着细菌细胞生理的重要方面，包括运动能力、毒力、生物膜的形成和细胞周期等多种细胞响应环境胁迫的机制。这些数据表明，PⅡ 蛋白的大量表达不仅是影响了菌株 T2 的脱氮作用，可能还涉及菌株苯酚代谢的调控以及对菌株抗胁迫的调控作用。

5.4.3　氧化磷酸化

蛋白组学数据分析结果显示，在苯酚胁迫条件下涉及氧化磷酸化途径的蛋白存在显著差异，该途径在电子传递和 ATP 产生中起到重要作用，涉及该途径的差异表达蛋白列于表 5-3。由分析结果可以看出，处于延滞期（T6）菌株中的 *cbb*3-type（*cco*N，O，P）细胞色素 c 氧化酶和 ATP 酶的表达是上调。有文献已经证实 *cbb*3-type 氧化酶对氧具有很高的亲和力，能够在非常低的溶氧条件下发挥活性功能支持细胞生长[38]。而且与对照相比，T6 样品中的 NADH-醌氧化还原酶（*nuo*F）和细胞色素 c 氧化酶 *aa*3-type（（*cox*A，B，C）表现为下调。NADH-醌氧化还原酶能够催化 NADH 的氧化和醌的还原，这些过程能够产生 ATP 合成所需的质子[39]。而 *aa*3-type 细胞色素 c 氧化酶是有氧呼吸中常见的通过催化氧的还原反应来进行电子传递的末端酶[40]，但是在许多细菌中，由于该酶对氧的低亲和性需要在高氧条件下才能发挥作用[41]。两种对氧亲和力不同的末端氧化酶出现表达上的差异在 *Saccharolobus solfataricus* [42] 受到苯酚胁迫下也被观察到。这样的结果说明苯酚胁迫会导致细菌细胞呼吸氧浓度的降低，这是因为细菌中的苯酚氧化需要充足的氧气，这导致了具有高氧亲和力的末端氧化酶的充分利用，并且增强呼吸作用以满足细胞的能量需求[42]。因此，可以推断出 *cbb*3-type 细胞色素 c 氧化酶在菌株 T2 在苯酚胁迫下的有氧呼吸功能中起着至关重要的作用。此外，Hamada 等人[40] 发现假单胞菌中的 *cbb*3-type 细胞色素 c 氧化酶会参与菌株的反硝化作用并且导致 NO 的积累。因此，*cbb*3-type 细胞色素 c 氧化酶的表达上调可能也有利于菌株的脱氮作用。

而 *nuo*F 和 *aa*3-type 氧化酶的表达下调表明呼吸链中的质子减少，导致有氧呼吸减弱。此外，由氮代谢差异蛋白分析结果可知，菌株 T2 在延滞期增强了反硝化作用，意味着更多的硝酸盐作为电子受体完成细胞的呼吸作用以获得能量，这可能是菌株 T2 在同步脱氮除酚的延滞期适应苯酚毒性的一种策略。

由表 5-3 可知，与对照组（CK）和延滞期菌株（T6）相比，同步脱氮除酚的对数期（T24）菌株的细胞色素 c 氧化酶 *cbb*3-type（*cco*N，O，P）、NADH-醌氧化还原酶（*nuo*A，E，H，J）、细胞色素 bd 泛醇氧化酶（*cyd*A，B）和 ATP 酶都表达上调，而细胞色素 c 氧化酶 *aa*3-type（*cox*A，B，C）为下调。细胞色素 bd 泛醇氧化酶已经被证实可以增强细菌对氧化和亚硝化胁迫的耐受性[43]，因此，*cyd*A，B 的表达上调有利于菌株 T2 应对苯酚和反硝化作用下产生的负面效应。此外，*cco*N，O，P 和 *nuo*A，E，H，J 的表达上调也表明菌株 T2 在同步脱氮除酚的对数期比延滞期好氧呼吸作用增强，这个结论也从第二章的苯酚的降解效率相印证。由表 5-3 可知，苯酚存在条件下菌株的 ATP 酶的表达上调，说明苯酚胁迫下的菌株需要大量能量来进行环境适应与物质代谢，这与 *Acinetobacter guillouiae* 中的结果相一致[13]。

表 5-3　菌株 T2 同步脱氮除酚不同阶段氧化磷酸化途径相关的差异表达蛋白

蛋白描述	名称	$\log_2 fc$①		
		T6/CK	T24/CK	T24/T6
琥珀酸脱氢酶,黄素蛋白亚基	sdhA	−0.76	−1.38	−0.62
琥珀酸脱氢酶,细胞色素 b 亚基	sdhC	ND	1.31	0.85
NADH 脱氢酶	ndh1	1.65	ND	ND
NADH 脱氢酶	ndh2	−1.25	−2.51	−1.26
NADH-醌氧化还原酶亚基 A	nuoA	ND	1.13	1.43
NADH-醌氧化还原酶亚基 B	nuoB	ND	ND	0.66
NADH-醌氧化还原酶亚基 E	nuoE	ND	0.64	0.60
NADH-醌氧化还原酶亚基 F	nuoF	−1.43	−1.82	ND
NADH-醌氧化还原酶亚基 H	nuoH	ND	0.60	1.00
NADH-醌氧化还原酶亚基 J	nuoJ	ND	1.41	1.52
细胞色素 c 氧化酶 cbb3 型亚基Ⅰ	ccoN	1.31	2.37	1.06
细胞色素 c 氧化酶 cbb3 型亚基Ⅱ	ccoO	1.29	2.22	0.93
细胞色素 c 氧化酶 cbb3 型亚基Ⅲ	ccoP	1.37	2.07	0.70
细胞色素 bd 泛醌氧化酶亚基Ⅰ	cydA	ND	2.45	2.20
细胞色素 bd 泛醌氧化酶亚基Ⅱ	cydB	ND	2.17	ND
细胞色素 c 氧化酶组装蛋白亚基 11	COX11	2.37	1.60	−0.77
细胞色素 c 氧化酶组装蛋白亚基 15	COX15	ND	2.81	ND
细胞色素 c 氧化酶亚基Ⅰ	coxA	−1.35	−1.32	ND
细胞色素 c 氧化酶亚基Ⅰ	coxA	−0.93	−3.37	−2.43
细胞色素 c 氧化酶亚基Ⅱ	coxB	−1.17	−1.40	ND
细胞色素 c 氧化酶亚基Ⅱ	coxB	−1.46	−1.26	ND
细胞色素 c 氧化酶亚基Ⅲ	coxC	−1.56	−1.72	ND
细胞色素 c 氧化酶亚基Ⅲ	coxC	ND	−5.67	−3.17
细胞色素 o 泛醌氧化酶亚基Ⅱ	cyoA	ND	−1.89	−1.68
细胞色素 o 泛醌氧化酶亚基Ⅱ	cyoA	4.49	5.33	0.84
细胞色素 o 泛醌氧化酶亚基Ⅲ	cyoC	ND	ND	1.42
细胞色素 o 泛醌氧化酶亚基Ⅰ	cyoB	2.53	2.97	ND

续表

蛋白描述	名称	log_2fc①		
		T6/CK	T24/CK	T24/T6
细胞色素 o 泛醌氧化酶亚基Ⅰ	cyoB	−1.11	−1.69	ND
多磷酸激酶	ppk	ND	−1.37	−0.83
无机焦磷酸酶	ppa	ND	0.63	ND
F 型 H+转运 ATP 酶亚基 c	atpE	0.90	1.61	0.71
多磷酸激酶	ppk2	−1.13	−2.37	−1.23
多磷酸激酶	ppk2	ND	6.29	1.35

① log_2fc 表示不同条件下蛋白质丰度比值经 log_2 倍变化处理。"+"和"−"分别表示蛋白上调和下调。"ND"表示两种条件下的蛋白质积累量差异无统计学意义。

总的来说，在菌株 T2 同步脱氮除酚的过程中，会通过改变不同氧亲和力的细胞色素 c 氧化酶的表达来调节能量代谢过程，增强对氧亲和性更强的 *cbb-3 type* 酶的表达，同时在对数期上调能应对胁迫的细胞色素 bd 泛醇氧化酶，并且增强 ATP 的合成来维持细胞代谢的稳定性。

5.4.4 细胞运动性

众所周知，细菌可以通过趋化蛋白感知外界刺激信号，从而调节鞭毛活动，使细胞趋向或远离刺激分子[44]。在本研究中，许多与细胞运动相关的蛋白在苯酚存在下表达上调，其中包括 13 个与细菌趋化性相关的蛋白和 10 涉及鞭毛组装途径的蛋白（表 5-4）。许多研究证实，趋化性对细菌进行生物降解有着重要作用，它能有效促进污染物的生物利用度[45,46]，例如木质素芽孢杆菌（*Bacillus ligniniphilus*）在降解芳香族化合物的过程中也观察到趋化蛋白表达上调[47]，这与本研究中菌株 T2 的表现相似。因此，可以推断细菌趋化性和鞭毛组装在菌株 T2 对苯酚降解与适应过程中起着非常重要的作用。

由表 5-4 中可知，几乎所有的趋化蛋白的表达量在对数期（T24）和延滞期（T6）之间没有显著差异，而参与鞭毛组装的差异蛋白在对数期（T24）的表达量远高于延滞期（T6）的。以往的研究表明趋化蛋白的主要功能是信号接收和传递，它能结合到鞭毛马达并控制其运动[44]。因此，鞭毛装配蛋白的上调有利于增强菌株向苯酚的移动并提升对苯酚的利用能力。

表 5-4　菌株 T2 同步脱氮除酚不同阶段细胞运动性相关的差异表达蛋白

蛋白描述	名称	$\log_2 fc$①		
		T6/CK	T24/CK	T24/T6
细菌趋化性				
趋化蛋白	cheV	1.01	1.67	0.66
趋化蛋白	cheW	1.22	1.00	ND
趋化蛋白	cheW2	1.35	2.07	0.72
趋化蛋白	cheA	1.72	1.60	ND
双组分系统反应调节器	cheY	0.67	1.09	ND
趋化蛋白	cheD	0.83	1.69	0.85
趋化蛋白	cheZ	0.87	0.90	ND
甲基受体趋化蛋白	mcp	1.68	1.46	ND
甲基受体趋化蛋白Ⅰ，丝氨酸传感器受体	tap	2.16	2.02	ND
甲基受体趋化蛋白	tsr	1.62	1.61	ND
甲基受体趋化蛋白	mcp	0.88	1.03	ND
甲基受体趋化蛋白	tas	0.88	0.87	ND
气动吸引受体	aer	0.96	1.27	ND
核糖转运系统底物结合蛋白	rbsB	−2.65	−2.94	ND
鞭毛组装				
鞭毛运动开关蛋白	fliN	1.85	4.50	2.66
鞭毛运动开关蛋白	fliG	0.93	2.93	2.00
鞭毛运动开关蛋白	fliN	1.85	4.50	2.66
鞭毛蛋白	fliC	3.16	5.85	2.69
鞭毛导出伴侣	fliS	1.01	2.10	1.09
鞭毛 M 环蛋白	fliF	1.06	2.84	1.79
鞭毛生物合成蛋白	flgA	2.79	4.64	1.85
鞭毛基体 L 环蛋白	flgH	1.12	2.66	1.54
鞭毛生物合成反 σ 因子	flgM	1.21	2.92	1.71
鞭毛运动定子蛋白质	motA	5.49	6.51	1.02

① $\log_2 fc$ 表示不同条件下蛋白质丰度比值经 $\log_2$ 倍变化处理。“＋”和“－”分别表示蛋白上调和下调。“ND”表示两种条件下的蛋白质积累量差异无统计学意义。

5.4.5 硫辛酸与生物素代谢

由表5-5可知，草酸盐贪铜菌T2暴露在苯酚环境中会提高硫辛酸和生物素代谢相关蛋白的表达丰度。硫辛酸作为一种抗氧化剂具有独特而广泛的功能[48]，例如，它可以有效地抑制各种有害的自由基，包括活性氧和羟基自由基；此外，它还可以再生谷胱甘肽、维生素C和维生素E等内源性抗氧化剂的活性。比较蛋白组分析结果，可以看出参与硫辛酸从头生物合成途径的脂酰合成酶（lipoyl synthase，LipA）和脂酰（辛酰）转移酶（lipoyl（octanoyl）transferase，LipB）在延滞期（T6）分别上调2.5倍和2.6倍，在对数期（T24）上调2.2倍和3.0倍。这表明在T2菌株同时去除氨氮和苯酚的过程中，苯酚诱导产生了细胞氧化应激。因此，增加硫辛酸的合成可以有效地清除活性氧和自由基，有助于细胞内环境的稳定。

表5-5 菌株T2同步脱氮除酚不同阶段硫辛酸与生物素代谢的差异表达蛋白

蛋白描述	名称	$\log_2 fc$①		
		T6/CK	T24/CK	T24/T6
硫辛酸代谢				
脂酰合成酶	lipA	1.32	1.41	ND
脂肪酰(辛酰)转移酶	lipB	1.16	1.61	ND
生物素代谢				
8-氨基-7-氧代壬酸合成酶	bioF	ND	1.67	1.42
腺苷蛋氨酸-8-氨基-7-氧代壬酸酯转氨酶	bioA	1.51	2.84	1.32
脱硫生物素合成酶	bioD	13.30	16.18	2.87
生物素合成酶	bioB	1.18	2.98	1.79
氨基磷酸核糖转移酶	bioC	0.59	1.08	0.50
β-酮酰-[酰基载体蛋白]合成酶	fabF	ND	0.57	0.58
3-氧代乙酰-ACP还原酶	fabG	4.80	6.04	1.24
3-羟基肉豆蔻酰/3-羟基癸酰-[酰基载体蛋白]脱水酶	fabZ	0.41	0.75	ND
烯酰-[酰基载体蛋白]还原酶	fabI	0.47	ND	ND

① $\log_2 fc$表示不同条件下蛋白质丰度比值经$\log_2$倍变化处理。“+”和“−”分别表示蛋白上调和下调。“ND”表示两种条件下的蛋白质积累量差异无统计学意义。

生物素则在脂肪酸合成、氨基酸代谢等多种代谢过程中发挥着重要作用[49]。在本研究中，观察到菌株在苯酚胁迫下生物素合成酶（biotin synthase，BioB）的上调（表 5-5）。之前有研究表明，提升生物素的产升能够加速脂质的合成，而脂质是细胞膜的重要成分，这会有利于细胞膜的稳定性提升[16]。此外，也有研究证实，上调生物素合成相关蛋白 BioB 和 BioC 有助于提升假单胞菌（*Pseudomonas*）对有毒溶剂胁迫的抗性[50]。因此，菌株 T2 在同步脱氮除酚过程中增强生物素合成相关蛋白的表达，有利于增强细胞对苯酚毒性的耐受性。

5.4.6　抗应激蛋白

由表 5-6 可知，在本实验中多种抗应激蛋白的表达受到苯酚的影响，如通用应激蛋白、铁-硫簇蛋白、分子伴侣和转录调节蛋白等。通用应激蛋白 UspA 能够帮助暴露于环境压力（如氧化应激、DNA 损伤剂和高温）下的细胞提升存活率[51]。菌株 T2 的蛋白质组学分析结果表明，在苯酚胁迫下菌株中有多种 Usp 蛋白表达上调，并且他们的表达量随着胁迫时间延长没有表现出显著差异，这说明通用应激蛋白 UspA 为菌株 T2 应对苯酚毒性做出了重要贡献。假单胞菌 *P. putida* KT2440[52] 在苯酚胁迫条件下也有类似的表现，研究人员通过 2D 蛋白电泳观察到假单胞菌在苯酚诱导下通用应激蛋白 UspA 有明显的表达上调。此外，在延滞期的菌株中（T6）观察到高丰度的铁硫簇修复二铁蛋白 YtfE（表 5-6），有文献证实，YtfE 具有保护细菌免受氧化应激的作用，能够修复氧化和亚硝化应激引起的铁硫簇损伤，是参与基因调控、环境感知、电子传递链等多种生物过程的重要功能蛋白[53]。因此，菌株 T2 增强铁硫簇修复二铁蛋白 YtfE 蛋白的表达能够有效抵抗同步脱氮除酚过程中形成的氧胁迫和亚硝酸盐胁迫。此外，分子伴侣蛋白也是一类重要的多功能蛋白，有助于细菌应对胁迫环境[54]。由表 5-6 可知，分子伴侣 GroESL 在菌株受苯酚处理时表达上调，根据已有文献可知，分子伴侣 GroESL 参与了细菌对毒性物质的耐受作用，这些蛋白的过表达能够促进菌株在有毒溶剂中存活和生长[55]。此外，在菌株 T2 同步脱氮除酚过程中，也观察到 Crp/Fnr 全局性转录调控因子的表达显著下调且在延滞期（T6）与对数期（T24）的下调倍数分别为 40.5 倍和 11.8 倍。据文献报道，Crp/Fnr 转录调节因子与微生物应对环境胁迫有密切关联，研究人员通过基因敲除的方法证实 Crp/Fnr 调控蛋白对菌株响应亚硝酸盐胁迫、重金属胁迫、氧化胁迫、盐胁迫等多种胁迫条件有抑制作用[56]。也有研究发现 Crp/Fnr 调控蛋白还能作为阻遏物质来调控微生物对芳香化合物代谢途径的表达[57]。由此可知，抑制 Crp/Fnr 调控蛋白的表达有利于菌株 T2 应对同步脱氮除酚过程中的环境压力。

表 5-6　菌株 T2 同步脱氮除酚不同阶段抗应激蛋白的差异表达

蛋白描述	名称	$\log_2 fc$①		
		T6/CK	T24/CK	T24/T6
通用应激蛋白	UspA	2.47	2.19	ND
通用应激蛋白	UspA2	1.49	1.46	ND
通用应激蛋白	UspA3	ND	1.15	ND
通用应激蛋白	UspA4	0.98	1.05	ND
通用应激蛋白	UspA5	0.75	0.90	ND
铁硫簇修复二铁蛋白	ytfE	2.96	0.61	−2.35
分子伴侣 GroEL	GroL	0.63	0.75	ND
共伴侣蛋白 GroES	GroS	0.56	0.74	ND
Crp/Fnr 家族转录调节因子	anr	−5.34	−3.56	1.77

① $\log_2 fc$ 表示不同条件下蛋白质丰度比值经 $\log_2$ 倍变化处理。“＋”和“－”分别表示蛋白上调和下调。“ND”表示两种条件下的蛋白质积累量差异无统计学意义。

因此，这些细胞抗应激蛋白有助于维持草酸盐贪铜菌 T2 在同步脱氮除酚过程中的细胞的稳定性，能帮助细胞适应氮和酚同时降解引起的毒性。

综上所述，本研究揭示了菌株 T2 同步脱氮除酚的代谢机制以及多种潜在的适应机制（图 5-7）。研究结果表明，细菌对苯酚毒性的耐受依赖于众多代谢系统的协调。

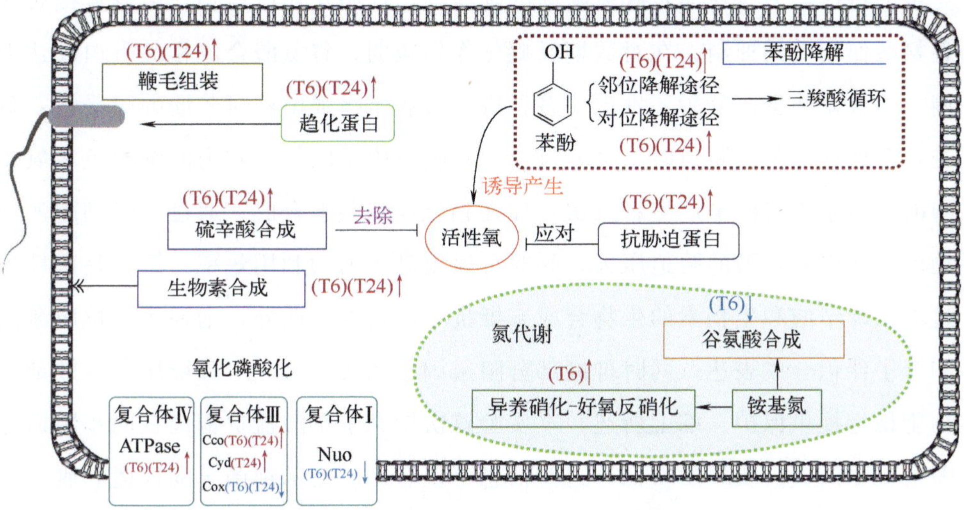

图 5-7　草酸盐贪铜菌 T2 同步脱氮除酚过程触发细胞机制的示意图

5.5 本章小结

本章内容采用 DIA 蛋白质组学方法对草酸盐贪铜菌 T2 同步脱氮除酚过程中的差异表达蛋白进行了分析。对样品进行 PCA 分析和 Pearson 相关系数计算，确定样品组内重复性高，组间差异性大。将差异蛋白进行 KEGG 通路富集分析发现菌株在延滞期与对数期的差异表达的蛋白功能有明显区别，意味着菌株在同步脱氮除酚过程中存在一个适应性变化。在延滞期中，显著上调的通路为细菌趋化性、氮代谢、芳香化合物代谢相关。与对照相比，菌株在对数期显著上调的代谢通路与延滞期类似，主要为细菌趋化性、芳香化合物代谢、氧化磷酸化以及精氨酸和脯氨酸代谢；而与延滞期相比，对数期的菌株在芳香化合物代谢、鞭毛组装、硫代谢等途径表现上调，在氮代谢途径中表达下调。对相关通路以及差异蛋白进行进一步分析发现了几条参与菌株同步脱氮除酚的关键代谢机制。菌株 T2 降解苯酚能够同时利用邻位途径和对位途径，并且随着时间的推移，直接参与苯酚降解的蛋白表达量会增加。此外，氮代谢也表现出一定的特征，菌株在同步脱氮除酚的延滞期，反硝化作用增强，由氨直接合成谷氨酸作用受到抑制；在对数期反硝化作用减弱，谷氨酸合成相关蛋白表达上调。通过差异蛋白分析还发现了多种机制有利于增强菌株对苯酚的耐受性：首先，菌株受到苯酚胁迫时，会通过改变呼吸链中不同氧亲和力的细胞色素氧化酶的表达来维持能量产生；其次，加强趋化性和鞭毛合成，通过增强细胞的运动能力来应对苯酚的胁迫压力，同时可以提高苯酚的利用效率；第三是菌株通过增强硫辛酸和生物素的生物合成来抵抗苯酚毒性；此外，增强多种抗应激酶和分子伴侣合成表达，同时抑制部分阻遏因子的表达来应对环境压力有效地为细胞稳定提供保护。综上所述，本实验首次探究了草酸盐贪铜菌在同步脱氮除酚过程中的蛋白质组学特征，这些信息不仅有助于揭示细菌苯酚代谢和脱氮的特性，也为深入了解微生物对苯酚的耐受性机制提供了重要依据。

参 考 文 献

[1] Zheng Z，Li J，Wang C. Rapid cultivation of the aerobic granules for simultaneous phenol degradation and ammonium oxidation in a sequencing batch reactor [J]. Bioresource Technology，2021，325：124414.

[2] Deng L，Ren Y，Wei C，et al. Biodegradation of pyrene by a novel strain of *Castellaniella* sp. under denitrifying condition [J]. Journal of Environmental Chemical Engineering，2021，9（1）：104970.

[3] Zhang X，Yan J W，Luo X T，et al. Simultaneous ammonia and Cr（VI）removal by *Pseudomonas aeruginosa* LX in wastewater [J]. Biochemical Engineering Journal，2020，157：107551.

[4] Shahryari S，Zahiri H S，Haghbeen K，et al. High phenol degradation capacity of a newly characterized *Acinetobacter* sp. SA01：Bacterial cell viability and membrane impairment in respect to the phenol toxicity [J]. Ecotoxicol Environ Saf，2018，164：455-466.

[5] Peng S，Zhang L，Zhang D，et al. Denitrification synergized with ANAMMOX for the anaerobic degradation of benzene：performance and microbial community structure [J]. Appl Microbiol Biotechnol，2017，101（10）：4315-4325.

[6] Feng C，Huang L，Yu H，et al. Simultaneous phenol removal，nitrification and deni-

trification using microbial fuel cell technology [J]. Water Res, 2015, 76: 160-170.

[7] Zhou X, Wang G, Yin Z, et al. Performance and microbial community in a single-stage simultaneous carbon oxidation, partial nitritation, denitritation and anammox system treating synthetic coking wastewater under the stress of phenol [J]. Chemosphere, 2020, 243: 125382.

[8] Tomar S K, Kumar R, Chakraborty S. Simultaneous biodegradation of pyridine, indole, and ammonium along with phenol and thiocyanate by aerobic granular sludge [J]. J Hazard Mater, 2021, 422: 126861.

[9] Wang Y, Chen H, Liu Y X, et al. An adsorption-release-biodegradation system for simultaneous biodegradation of phenol and ammonium in phenol-rich wastewater [J]. Bioresour Technol, 2016, 211: 711-719.

[10] Ma W, Han Y, Ma W, et al. Simultaneous nitrification and denitrification (SND) bioaugmentation with *Pseudomonas* sp. HJ3 inoculated for enhancing phenol and nitrogen removal in coal gasification wastewater [J]. Water Sci Technol, 2019, 80 (8): 1512-1523.

[11] Lu J, Jin Q, He Y, et al. Simultaneous removal of phenol and ammonium using *Serratia* sp. LJ-1 capable of heterotrophic nitrification-aerobic denitrification [J]. Water, Air, & Soil Pollution, 2014, 225 (9): 2125.

[12] Pereira A D, Leal C D, Dias M F, et al. Effect of phenol on the nitrogen removal performance and microbial community structure and composition of an anammox reactor [J]. Bioresour Technol, 2014, 166: 103-111.

[13] Ontanon O M, Landi C, Carleo A, et al. What makes A. *guillouiae* SFC 500-1A able to co-metabolize phenol and Cr (VI)? A proteomic approach [J]. J Hazard Mater, 2018, 354: 215-224.

[14] Zhou L, Cheng D, Wang L, et al. Comparative transcriptomic analysis reveals phenol tolerance mechanism of evolved *Chlorella* strain [J]. Bioresour Technol, 2017, 227: 266-272.

[15] Roma-Rodrigues C, Santos P M, Benndorf D, et al. Response of *Pseudomonas putida* KT2440 to phenol at the level of membrane proteome [J]. J Proteomics, 2010, 73 (8): 1461-1478.

[16] Gu J, Yao J, Duran R, et al. Comprehensive genomic and proteomic profiling reveal *Acinetobacter johnsonii* JH7 responses to Sb (Ⅲ) toxicity [J]. Sci Total Environ, 2020, 748: 141174.

[17] Lin J, Liang H, Yan J, et al. The molecular mechanism and post-transcriptional regulation characteristic of *Tetragenococcus halophilus* acclimation to osmotic stress

revealed by quantitative proteomics [J]. J Proteomics, 2017, 168: 1-14.

[18] Rouwette T, Sondermann J, Avenali L, et al. Standardized profiling of the membrane-enriched proteome of mouse dorsal root ganglia (DRG) provides novel insights into chronic pain [J]. Mol Cell Proteomics, 2016, 15 (6): 2152-2168.

[19] Muntel J, Xuan Y, Berger S T, et al. Advancing urinary protein biomarker discovery by data-independent acquisition on a quadrupole-orbitrap mass spectrometer [J]. J Proteome Res, 2015, 14 (11): 4752-4762.

[20] Wang J, Zhao T, Chen J, et al. Multiple transcriptomic profiling: p53 signaling pathway is involved in DEHP-induced prepubertal testicular injury via promoting cell apoptosis and inhibiting cell proliferation of Leydig cells [J]. J Hazard Mater, 2021, 406: 124316.

[21] Subramanian A, Tamayo P, Mootha V K, et al. Gene set enrichment analysis: a knowledge-based approach for interpreting genome-wide expression profiles [J]. Proc Natl Acad Sci U S A, 2005, 102 (43): 15545-15550.

[22] Fuchs G, Boll M, Heider J. Microbial degradation of aromatic compounds - from one strategy to four [J]. Nat Rev Microbiol, 2011, 9 (11): 803-816.

[23] Gerginova M, Manasiev J, Yemendzhiev H, et al. Biodegradation of phenol by Antarctic strains of *Aspergillus fumigatus* [J]. Z Naturforsch C J Biosci, 2013, 68 (9-10): 384-393.

[24] Zhang S, Sun W, Xu L, et al. Identification of the para-nitrophenol catabolic pathway, and characterization of three enzymes involved in the hydroquinone pathway, in *Peudomonas* sp. 1-7 [J]. BMC Microbiol, 2012, 12: 27.

[25] Zhang J J, Liu H, Xiao Y, et al. Identification and characterization of catabolic para-nitrophenol 4-monooxygenase and para-benzoquinone reductase from *Pseudomonas* sp. strain WBC-3 [J]. J Bacteriol, 2009, 191 (8): 2703-2710.

[26] Kolvenbach B A, Corvini P F. The degradation of alkylphenols by *Sphingomonas* sp. strain TTNP3-a review on seven years of research [J]. N Biotechnol, 2012, 30 (1): 88-95.

[27] Huang T, Guo L, Zhang H, et al. Nitrogen-removal efficiency of a novel aerobic denitrifying bacterium, *Pseudomonas stutzeri* strain ZF31, isolated from a drinking-water reservoir [J]. Bioresour Technol, 2015, 196: 209-216.

[28] Kuypers M M M, Marchant H K, Kartal B. The microbial nitrogen-cycling network [J]. Nat Rev Microbiol, 2018, 16 (5): 263-276.

[29] Moreno-Vivian C, Cabello P, Martinez-Luque M, et al. Prokaryotic nitrate reduction: Molecular properties and functional distinction among bacterial nitrate reductases

[J]. Journal of Bacteriology, 1999, 181 (21): 6573-6584.

[30] Zhao B, Cheng D Y, Tan P, et al. Characterization of an aerobic denitrifier *Pseudomonas stutzeri* strain XL-2 to achieve efficient nitrate removal [J]. Bioresour Technol, 2018, 250: 564-573.

[31] Harper C J, Hayward D, Kidd M, et al. Glutamate dehydrogenase and glutamine synthetase are regulated in response to nitrogen availability in *Myocbacterium smegmatis* [J]. BMC Microbiol, 2010, 10: 138.

[32] Plaitakis A, Kalef-Ezra E, Kotzamani D, et al. The glutamate dehydrogenase pathway and its roles in cell and tissue biology in health and disease [J]. Biology (Basel), 2017, 6 (1).

[33] Forchhammer K, Selim K A, Huergo L F. New views on PII signaling: from nitrogen sensing to global metabolic control [J]. Trends Microbiol, 2022, 30 (8): 722-735.

[34] Gerhardt E C M, Rodrigues T E, Müller-Santos M, et al. The Bacterial signal transduction protein GlnB regulates the committed step in fatty acid biosynthesis by acting as a dissociable regulatory subunit of acetyl - CoA carboxylase [J]. Molecular Microbiology, 2015, 95.

[35] Xu M, Tang M, Chen J, et al. PⅡ signal transduction protein GlnK alleviates feedback inhibition of N-Acetyl-L-Glutamate kinase by L-Arginine in *Corynebacterium glutamicum* [J]. Applied and Environmental Microbiology, 2020, 86 (8): e00039-00020.

[36] Santos A R S, Gerhardt E C M, Parize E, et al. NAD+ biosynthesis in bacteria is controlled by global carbon/nitrogen levels via PⅡ signaling [J]. Journal of Biological Chemistry, 2020, 295 (18): 6165-6176.

[37] Gerhardt E C M, Parize E, Gravina F, et al. The protein-protein interaction network reveals a novel role of the signal transduction protein PⅡ in the control of c-di-GMP homeostasis in *Azospirillum brasilense* [J]. mSystems, 2020, 5 (6).

[38] Kawakami T, Kuroki M, Ishii M, et al. Differential expression of multiple terminal oxidases for aerobic respiration in *Pseudomonas aeruginosa* [J]. Environ Microbiol, 2010, 12 (6): 1399-1412.

[39] Narayanan M, Leung S A, Inaba Y, et al. Semiquinone intermediates are involved in the energy coupling mechanism of *E. coli* complex I [J]. Biochim Biophys Acta, 2015, 1847 (8): 681-689.

[40] Hamada M, Toyofuku M, Miyano T, et al. cbb3-type cytochrome c oxidases, aerobic respiratory enzymes, impact the anaerobic life of *Pseudomonas aeruginosa* PAO1

[J]. J Bacteriol, 2014, 196 (22): 3881-3889.

[41] Arai H, Kawakami T, Osamura T, et al. Enzymatic characterization and in vivo function of five terminal oxidases in *Pseudomonas aeruginosa* [J]. J Bacteriol, 2014, 196 (24): 4206-4215.

[42] Wolf J, Koblitz J, Albersmeier A, et al. Utilization of phenol as carbon source by the thermoacidophilic archaeon *Saccharolobus solfataricus* P2 is limited by oxygen supply and the cellular stress response [J]. Front Microbiol, 2020, 11 (3386): 587032.

[43] Giuffre A, Borisov V B, Arese M, et al. Cytochrome bd oxidase and bacterial tolerance to oxidative and nitrosative stress [J]. Biochim Biophys Acta, 2014, 1837 (7): 1178-1187.

[44] Ni B, Huang Z, Fan Z, et al. *Comamonas testosteroni* uses a chemoreceptor for tricarboxylic acid cycle intermediates to trigger chemotactic responses towards aromatic compounds [J]. Mol Microbiol, 2013, 90 (4): 813-823.

[45] Lacal J, Munoz-Martinez F, Reyes-Darias J A, et al. Bacterial chemotaxis towards aromatic hydrocarbons in *Pseudomonas* [J]. Environ Microbiol, 2011, 13 (7): 1733-1744.

[46] Arora P K, Srivastava A, Garg S K, et al. Recent advances in degradation of chloronitrophenols [J]. Bioresour Technol, 2018, 250: 902-909.

[47] Zhu D, Zhang P, Xie C, et al. Biodegradation of alkaline lignin by *Bacillus ligniniphilus* L1 [J]. Biotechnol Biofuels, 2017, 10: 44.

[48] Spalding M D, Prigge S T. Lipoic acid metabolism in microbial pathogens [J]. Microbiol Mol Biol Rev, 2010, 74 (2): 200-228.

[49] Sakaki K, Ohishi K, Shimizu T, et al. A suicide enzyme catalyzes multiple reactions for biotin biosynthesis in cyanobacteria [J]. Nat Chem Biol, 2020, 16 (4): 415-422.

[50] Cuenca Mdel S, Roca A, Molina-Santiago C, et al. Understanding butanol tolerance and assimilation in *Pseudomonas putida* BIRD-1: an integrated omics approach [J]. Microb Biotechnol, 2016, 9 (1): 100-115.

[51] Elhosseiny N M, Amin M A, Yassin A S, et al. *Acinetobacter baumannii* universal stress protein A plays a pivotal role in stress response and is essential for pneumonia and sepsis pathogenesis [J]. Int J Med Microbiol, 2015, 305 (1): 114-123.

[52] Santos P M, Benndorf D, Sa-Correia I. Insights into *Pseudomonas putida* KT2440 response to phenol-induced stress by quantitative proteomics [J]. Proteomics, 2004, 4 (9): 2640-2652.

[53] Justino M C, Almeida C C, Teixeira M, et al. *Escherichia coli* di-iron YtfE protein

is necessary for the repair of stress-damaged iron-sulfur clusters [J]. J Biol Chem, 2007, 282 (14): 10352-10359.

[54] Ramos J L, Sol Cuenca M, Molina-Santiago C, et al. Mechanisms of solvent resistance mediated by interplay of cellular factors in *Pseudomonas putida* [J]. FEMS Microbiol Rev, 2015, 39 (4): 555-566.

[55] Marc J, Grousseau E, Lombard E, et al. Over expression of GroESL in *Cupriavidus necator* for heterotrophic and autotrophic isopropanol production [J]. Metab Eng, 2017, 42: 74-84.

[56] Zhou A, Chen Y I, Zane G M, et al. Functional characterization of Crp/Fnr-type global transcriptional regulators in *Desulfovibrio vulgaris* Hildenborough [J]. Appl Environ Microbiol, 2012, 78 (4): 1168-1177.

[57] Durante-Rodríguez G, Gómez-Álvarez H, Nogales J, et al. One-component systems that regulate the expression of degradation pathways for aromatic compounds [M]. Cellular Ecophysiology of Microbe. 2016: 1-39.

结论与展望

结论

本书以一株筛选自活性污泥的同步脱氮除酚菌——草酸盐贪铜菌 T2 为代表，通过不同条件下的代谢产物分析，并结合组学研究以及分子生物学手段，揭示了该菌株同步脱氮除酚菌的降解特征以及代谢作用机制。本书的研究结论为同步脱氮除酚菌代谢机制的完善做出了重要理论补充，同时本研究还扩充了废水处理微生物的菌种资源，为相关菌株的实际应用提供了技术支撑。

本书主要的研究内容如下：从活性污泥中筛选出一株能够同时降解苯酚和脱氮的菌株 T2，并通过形态学以及 16S rDNA 对菌株进行分类鉴定。然后利用第三代测序平台对菌株进行全基因组测序，利用生物信息学方法分析菌株基因组，揭示该菌株的代谢潜力，初步确定苯酚降解途径及脱氮途径。以筛选出的菌株为研究对象，探究菌株脱氮除酚特性以及环境因子对其降解效率的影响，并结合相对荧光定量 PCR 验证了菌株脱氮除酚的代谢途径。利用 DIA 蛋白质组学定量技术，分析比较同步脱氮除酚过程中延滞期、对数生长期和未受苯酚胁迫正常生长条件下蛋白组表达图谱的差异，进一步确定同步脱氮除酚过程中菌株的脱氮除酚途径，并揭示菌株在不同胁迫阶段的适应性机制。通过体内构建与报告基因融合的质粒系统、体外蛋白质与 DNA 相互作用等方法验证了苯酚降解调控蛋白功能，初步鉴定了菌株 T2 苯酚降解的表达调控机制。

本书主要结论如下：

(1) 从活性污泥中筛选出一株能够同时降解苯酚和脱氮的菌株 T2，经过形态学观察并结合 16S rDNA 分析与 ANI 分析，鉴定该菌株属于草酸盐贪铜菌 *Cupriavidus oxalaticus*。利用第三代测序方法对筛选出的菌株进行全基因组测序并对序列进行分析。测序结果表明菌株 T2 基因组中存在多个基因簇涉及苯酚代谢途径并且包含苯酚邻位降解途径的全部基因，同时具有完整的反硝化功能。测序结果显示基因组中有多种潜在的功能基因有利于菌株 T2 对抗苯酚的毒性，包括大量的通用应激蛋白、外排泵蛋白，以及多种分子伴侣、抗氧化蛋白等。

（2）环境因子对草酸盐贪铜菌 T2 异养硝化-好氧反硝化的性能有显著影响。碳源为丁二酸钠、碳氮比为 10、pH 为 6、转速为 150r/min 时菌株 T2 具有最佳的氨氮降解效率。碳源为丁二酸钠、碳氮比为 10、pH 为 6 也为最佳的硝酸盐降解条件，好氧反硝化过程中，不同转速条件只会影响菌株的生长量，对反硝化效率没有明显影响。此外，菌株 T2 能够完全降解 1000mg/L 浓度的苯酚，苯酚对细菌的毒性随着浓度的提升而增强，苯酚浓度越高菌株的延滞期越长。环境因子也会对菌株降解苯酚产生影响，在初始 pH 为 7～8，转速 150rpm 条件下，菌株 T2 降解苯酚的效率最高。

（3）当菌株 T2 以氨氮（NH_4^+-N）为氮源进行同步脱氮除酚，在 30h 对苯酚和氨氮（NH_4^+-N）的降解率分别为 100％和 52.84％。在此过程会产生硝酸盐，而没有亚硝酸盐的积累，表明菌株 T2 在以氨氮作为氮源完成同步脱氮除酚的过程可能直接将氨（NH_4^+）转化成硝酸盐（NO_3^-）来完成异养硝化-好氧反硝化过程。当菌株 T2 以硝酸盐氮（NO_3^--N）为氮源进行同步脱氮除酚，36h 能够完成苯酚的降解同时去除 45.45％的硝酸盐氮（NO_3^--N），同时能够检测到亚硝态氮和氨氮的积累，表明菌株 T2 在此过程中存在异化型硝酸盐还原成铵（DNRA）反应。当菌株 T2 以氨氮（NH_4^+-N）和硝酸盐氮（NO_3^--N）作为混合氮源进行同步脱氮除酚，30h 内可以完全降解苯酚，同时氨氮和硝态氮的去除效率分别为 46.88％和 27.47％。在混合氮源体系中，菌株 T2 对氨氮的利用优先于硝态氮，同时此过程中会大量产生亚硝酸盐。

（4）实时荧光定量 PCR 的结果验证了菌株 T2 苯酚降解的邻位途径，同时确定位于苯酚羟化酶基因簇下游的邻苯二酚 1,2-双加氧酶为主要的开环功能酶。证实了氨氮作为氮源的条件下菌株进行了异养硝化-好氧反硝化作用，推断菌株的脱氮途径为 $NH_4^+ \rightarrow NO_3^- \rightarrow NO_2^- \rightarrow NO \rightarrow N_2O \rightarrow N_2$。实验结果同时表明苯酚会对菌株脱氮产生抑制。

（5）采用 DIA 蛋白质组学方法对草酸盐贪铜菌 T2 同步脱氮除酚过程中不同阶段的差异表达蛋白进行了分析。在延滞期中，显著上调的通路为细菌趋化性、氮代谢、芳香化合物代谢相关。与对照相比，菌株在对数期显著上调的代谢通路与延滞期类似，主要为细菌趋化性、芳香化合物代谢、氧化磷酸化以及精氨酸和脯氨酸代谢；而与延滞期相比，对数期的菌株在芳香化合物代谢、鞭毛组装、硫代谢等途径表现上调，在氮代谢途径中表达下调。

(6) 对涉及菌株同步脱氮除酚的关键代谢机制进行分析。菌株 T2 降解苯酚能够同时通过邻位途径和对位途径，并且随着时间的推移，相关酶的表达量会增加；菌株氮代谢过程中，在延滞期反硝化作用增强，由氨直接合成谷氨酸途径受到抑制；在对数期反硝化作用减弱，谷氨酸合成相关蛋白表达上调。发现菌株在苯酚胁迫下的其他适应性机制为：改变呼吸链中不同氧亲和力的细胞色素氧化酶的表达来维持能量产生；加强趋化性和鞭毛合成，增强细胞的运动能力；增强硫辛酸和生物素的生物合成；增强多种抗应激酶和分子伴侣合成表达；抑制部分阻遏因子的表达来应对环境压力。

(7) 比较苯酚羟化酶的转录调控蛋白 PhtR 的基因序列，发现 PhtR 的蛋白序列与其他报道过的多亚基苯酚羟化酶的调控蛋白具有较远的进化关系。同时对 PhtR 的氨基酸序列结构进行分析，发现 PhtR 的结构域由 3 个保守域组成，A 域作用为识别和感应效应物信号，激活芳香化合物分解代谢；B 域可能为苯酚等芳香化合物效应物与调控蛋白 PhtR 的结合区域；C 域能够为调控蛋白激活降解基因转录提供能量，同时与启动子结合。

(8) 分析苯酚羟化酶基因的启动子序列，发现一段与调控蛋白 PhtR 结合的启动子的上游激活序列（UAS），该序列位于转录起始位点上游 100 bp 处。通过构建报告基因融合质粒系统验证了转录调控因子 PhtR 是苯酚羟化酶基因的正调控蛋白，并且证实该基因簇的启动子是诱导型启动子，在苯酚和 PhtR 的激活下能增强转录作用。利用凝胶迁移实验（EMSA）证实了转录调控蛋白 PhtR 与启动子的 UAS 序列的结合作用。最后测定了其他效应物对调控蛋白 PhtR 的激活能力，发现间甲酚、邻氯苯酚和对硝基酚等酚类化合物也能够激活转录调控蛋白 PhtR 与启动子的结合。

展望

同步脱氮除酚菌的有效开发是高效处理苯酚与氮素污染重要的手段。除此之外，苯酚及其衍生物作为木质素的单体在自然中含量大、来源广，是潜在的生物资源材料；而氮元素作为细胞成分重要的组成元素，与细胞生长代谢、物质合成紧密相连。因此，了解微生物对酚类物质及氮的代谢机制对生物修复、生物质资源微生物转化及开发利用都有着重要的作用。同步脱氮除酚细菌在生物脱氮。

以草酸盐贪铜菌 T2 为代表的同步脱氮除酚菌具有良好的脱氮除酚特性，对其代谢机制还需要进一步挖掘。详细阐明同步脱氮除酚菌的代谢作用机理，可以为深入揭示环境微生物生理代谢能力的可塑性、生存策略机制的多样性提供理论基础，为代谢工程中代谢通量的优化及生物传感器的开发提供信息指导，为污染场地的原位生态修复提供技术支撑。

关于同步脱氮除酚菌的代谢作用机制还有许多方面尚未详细阐明，尤其是目前苯酚代谢与氮代谢两种代谢途径的联系不够紧密，尚未发现明确的作用机制成为将两条代谢通路紧密结合的桥梁，因此，以下研究方向的挖掘将有助于深入揭示同步脱氮除酚菌的代谢机制：(1) 同步脱氮除酚菌同时进行苯酚代谢与氮代谢的过程，理论上来说，苯酚可以作为电子供体，硝酸盐等无机氮可以作为电子受体，探究同步脱氮除酚过程中的电子传递途径以及相关作用酶，可以更好地将两条代谢途径相结合。(2) 通过蛋白质组测序结果可知，菌株在进行同步脱氮除酚过程中，有少量全局性调控因子可能发挥潜在作用，有些可能直接参与了氮代谢与苯酚代谢的调控，是联系两条代谢途径的枢纽。研究这些重要的全局性调控因子的功能，并探究其调控机制有利于加深同步脱氮除酚代谢机制的理解。

另一方面，虽然同步脱氮除酚菌具有极大的应用价值，但还是有一些瓶颈限制了此类菌株的应用前景：

(1) 代谢工程改造与合成生物学应用

目前菌株的同步脱氮除酚性能受限于关键酶的表达效率（如苯酚羟化酶的底物特异性）与电子分配平衡（酚类降解与反硝化的还原力竞争）。未来可通过基因编辑技术（如 CRISPR-Cas9）过表达优势代谢通路基因，或引入外源电子传递模块（如黄素蛋白介导的电子穿梭系统），打破代谢瓶颈，构建高效的“人工脱氮除酚菌群”。

(2) 复杂环境下的适应性与群落互作机制

实际的废水常含有多种抑制物（如重金属、高盐等），而本研究未涉及菌株在极端环境中的代谢响应。后续可以结合宏基因组学与微宇宙模拟技术，解析菌群在复杂胁迫下种间互作模式，为工程化应用中的抗冲击负荷设计提供依据。

(3) 与新兴技术的耦合创新

探索同步脱氮除酚菌与高级氧化技术（如臭氧、光催化）、膜生物反应器（MBR）或厌氧消化工艺的耦合机制，构建“预处理-生物处理-资源回收”一体化系统，实现废水中碳（酚类）、氮（氨氮、硝态氮）的能源化利用，提升技术的附加值与可持续性。

本研究为同步脱氮除酚菌的基础研究与应用开发奠定了重要基础，未来需通过多学科交叉与技术迭代，推动该成果在实际废水处理中的规模化应用，为解决全球高酚高氮废水污染问题提供“中国方案”。